国家科技支撑课题（2012BAH33B02）
国家自然科学基金（41471429）　　　　　　　联合资助
中国科学院 STS 项目（KFJ-EW-STS-094）

贫困地区山地灾害风险与监测预警技术研究

田宏岭　张建强　樊晓一
聂　勇　杨宗佶　林家元　　著

U0214951

科学出版社

北京

内 容 简 介

中国贫困人口主要分布于山区、少数民族区域。以滑坡、泥石流为代表的山地灾害与此范围基本一致，山地灾害严重影响了贫困人口的脱贫，极易造成脱贫人口的返贫现象。本书以贫困与山地灾害关系为出发点，初步揭示了贫困与山地灾害之间的关系。并从风险理念出发，以我国最大的少数民族连片贫困地区——武陵山区为例，示范并建立了适用于贫困地区的多尺度（省区级、地州级、县级）山地灾害监测与预警方法体系，内容包括区域灾害时空特征分析、基于遥感方法的灾害识别、建立于灾害历史数据基础上的区域灾害易发性分析、基于诱发因素的区域灾害危险性趋势预警等。最后，根据风险理念，提出了适用于扶贫的减灾建议。

本书可供民政或国土管理部门参考，也可供相关专业研究人员或技术人员借鉴。

图书在版编目（CIP）数据

贫困地区山地灾害风险与监测预警技术研究 / 田宏岭等著. —北京：科学出版社，2016.4

　ISBN 978-7-03-047832-0

　Ⅰ.①贫… Ⅱ.①田… Ⅲ.①贫困山区–山地灾害–风险评价②贫困山区–山地灾害–监测系统 Ⅳ.①P694

中国版本图书馆 CIP 数据核字（2016）第 058823 号

责任编辑：张井飞／责任校对：张小霞
责任印制：张　倩／封面设计：耕者设计工作室

科学出版社 出版

北京东黄城根北街 16 号
邮政编码：100717
http://www.sciencep.com

中国科学院印刷厂 印刷

科学出版社发行　各地新华书店经销

＊

2016 年 4 月第　一　版　开本：720×1000　1/16
2016 年 4 月第一次印刷　印张：9 3/4
字数：188 000

定价：118.00 元
（如有印装质量问题，我社负责调换）

前　　言

经过 30 多年的扶贫，至 2013 年年底，我国仍有 8200 多万贫困人口，如果参考国际标准，还有两亿多人（国务院扶贫办副主任郑文凯，2014-10-14）。而灾害总是与贫困、少数民族地区以及山区紧密相连。其中的山地灾害更是由于其可预报性差、暴发时间短、破坏性大等特点，给山区人民尤其是贫困边缘人群带来巨大的冲击，常常导致脱贫人口返贫或本身就处于贫困之中的贫困户落入更深层的贫困之中。基于上述原因，对山地灾害与贫困风险的研究对于目前的扶贫工作具有积极意义。

在国家科技支撑课题"贫困地区灾害风险评价与灾害管理技术"（2012BAH33B02）、国家自然科学基金资助项目"震后松散堆积层降雨滑坡预警阈值与预警方法研究"（41471429）、中国科学院 STS 项目"川藏铁路山地灾害分布规律、风险分析与防治试验示范"（KFJ-EW-STS-094）的联合资助下，本书以灾害风险理念为基础，以遥感的快速识别灾害体及受灾对象为主要手段，结合地理信息系统的地学处理模型及数据管理能力，研究贫困地区山地灾害风险与监测预警方法。

本书共分 8 章，各章节内容如下：

第 1 章　贫困。简要介绍著作中所用到的贫困、贫困脆弱性、贫困风险等相关概念。

第 2 章　山地灾害。简要介绍山地灾害的概念与分类、评价方法、监测与预警方法等。

第 3 章　贫困与山地灾害。分析灾害与贫困之间的关系。

第 4 章　武陵山区及其山地灾害与贫困。介绍研究示范区——武陵山区的基本情况，分析示范区灾害特点及成灾机理，贫困与山地灾害关系，恩施土家族苗族自治州（简称恩施州）山地灾害致贫风险评价，山地灾害实地调查。

第 5 章　山地灾害监测预警。以武陵山区典型灾害为例，进行遥感监测；以武陵山区为例，进行降雨诱发山地灾害趋势预警。

第 6 章　基于降雨诱发的区域山地灾害趋势预警系统设计。为软件开发提供相关的系统设计方案。

第 7 章　县级应用示范。以湖北省恩施州咸丰县为例，展示场地尺度灾害的监测与预警。

第 8 章　面向扶贫的山地灾害减灾建议。根据研究结果，提供给相关部门扶贫减灾时参考。

其中，张建强编写山地灾害易发性与危险性分析部分，樊晓一编写山地灾害野外调查部分，杨宗佶编写山地灾害预警部分，聂勇、林家元编写山地灾害遥感监测方法，其余部分由田宏岭编写。全书由田宏岭统稿。

本书作为科技支撑计划项目"扶贫空间信息系统关键技术应用与示范研究"成果的一部分，得到了国务院扶贫办、农业部规划设计研究院，研究示范应用区湖北省恩施州、咸丰县民政部门的大力支持与帮助。

研究及著作中用到"湖北省地质环境总站"完成的恩施州、咸丰县地质灾害调查资料及部分结论、山地所汪阳春团队提供部分山地灾害监测所用高分辨率无人机遥感图像；山地所科技信息与传播中心王伟老师给予大量文献资料方面的支持与帮助；国务院扶贫办王小林主任、北京师范大学武建军教授、民政部遥感中心总工杨思全高级工程师等专家给予课题多次指导和详细建议，科学出版社对于本书的出版给予了倾力支持，在此一并感谢！

限于研究人员自身的专业和经历，对于贫困问题理解有限；以及研究区域跨越多省市和数个部门，研究资料收集存在相当大的困难，研究当中有认识错误、不足或观点、资料错误之处，敬请指正！

作　者

2016 年 2 月 23 日于成都

目　　录

前言
第1章　贫困 ··· 1
1.1　贫困的定义 ··· 1
1.2　贫困的成因 ··· 2
1.3　贫困的识别 ··· 2
1.4　贫困与自然灾害 ··· 3
1.5　自然灾害加剧山区贫困 ··· 4
1.6　贫困地区易受灾原因 ··· 4
第2章　山地灾害 ··· 6
2.1　山地灾害分类 ·· 6
2.2　山地灾害种类 ·· 6
2.3　山地灾害常见灾种介绍 ··· 6
2.4　山地灾害的特点 ··· 17
2.5　山地灾害的成因 ··· 17
2.6　山地灾害评价 ·· 19
2.7　山地灾害监测 ·· 23
2.8　山地灾害预警 ·· 26
第3章　贫困与山地灾害 ·· 29
3.1　山地灾害致使贫困的方式与表现 ·· 29
3.2　山地灾害致使贫困风险 ·· 32
3.3　贫困对山地灾害的反馈——加剧山地灾害 ································· 33
第4章　武陵山区及其山地灾害与贫困 ··· 35
4.1　基本情况 ··· 35
4.2　山地灾害 ··· 42
4.3　贫困 ··· 81
4.4　山地灾害致使贫困风险评价 ·· 85
4.5　武陵山区山地灾害与贫困关系再审视 ······································· 95

第5章　山地灾害监测预警 ……………………………………… 97

　5.1　基于遥感方法的山地灾害监测 …………………………… 97

　5.2　基于降雨方法的宏观山地灾害趋势预警 ………………… 103

第6章　基于降雨诱发的区域山地灾害趋势预警系统设计 ……… 120

　6.1　背景与相关定义 …………………………………………… 120

　6.2　需求概述 …………………………………………………… 122

　6.3　功能需求 …………………………………………………… 123

　6.4　性能需求 …………………………………………………… 127

第7章　县级应用示范 …………………………………………… 129

　7.1　研究区简介 ………………………………………………… 129

　7.2　山地灾害监测 ……………………………………………… 132

　7.3　山地灾害预警 ……………………………………………… 138

第8章　面向扶贫的山地灾害减灾建议 ………………………… 144

　参考文献 ………………………………………………………… 146

第1章 贫　　困

本书内容并非主要研究贫困，因此，本章只对书中所涉及的贫困内容进行简要阐释。

1.1　贫困的定义

贫困（Poverty）问题是一个世界性难题。中外学者有关贫困的定义有很多种，"贫困"一词在引入学术研究领域后内涵变得更加丰富。在国外，最初人们只是从收入和消费的角度来定义贫困，以郎特里（Rowntree，1899 年）、加尔布雷斯（Galbraith，1958 年）、汤森德（Townsend，1971 年）为代表。而后，逐渐超越了这一界定。例如，《牛津简明社会学辞典》将贫困解释为："一种缺乏资源的状态，通常是缺乏物质资源，但有时也包括缺乏文化资源（张大维，2011）。"联合国开发计划署（UNDP）在 1996 年的《人类发展报告》中将贫困界定为："贫困不仅指低收入，也指医疗与教育的缺失、知识权与通讯权的被剥夺、不能履行人权和政治权力、缺乏尊严、自信和自尊。"诺贝尔经济学奖获得者阿马蒂亚·森指出："贫困不仅仅是贫困人口收入低下的问题，而是意味着贫困人口缺少获得和享受正常生活的能力，或者说贫困的真正含义是贫困人口创造收入的能力和机会的贫困。"世界银行在《2000/2001 世界发展报告：反贫困》中对贫困进行了补充，指出，除了上述内容外，贫困还指对灾害的脆弱性和对风险的暴露以及在政治生活中没有声音和权利，这些因素严重束缚了人们选择过上有尊严生活的能力。从某种意义上讲，在一定的条件下，贫困就是灾害，灾害意味着贫困，这种贫困与灾害互为因果的关系在偏远山区和农村地区尤其明显（World Bank，2003）。

在国内，很多学者也对贫困进行了不同的界定。童星、赵冬缓、胡德海、李小云、胡鞍钢、汪三贵、黄承伟等人的界定均产生了较大影响。

借鉴已有研究，本研究将贫困界定为：人们无法获得足够的经济收入来维持一种生理上的要求，及其所拥有的基本生存资源、人力资源及社会参与资源低于其所认同的最低标准的生活状态，一般包括物质、经济、能力和权利等方面的缺乏状态。

1.2　贫困的成因

根据维基百科的定义，从发展经济学角度讲，贫穷就是缺乏生活机会，有以下五个维度：经济的、人类学的、政治的、安全相关的、社会文化的。

以下因素都有可能导致贫困：

（1）个人因素："病态性"的因素，即将贫穷视为行为、选择或缺乏能力所导致的后果；

（2）家庭因素：将贫穷归因于家庭的教养过程；还有可能是因为高昂的医药费而陷入贫穷；

（3）次文化因素：将贫穷归因于一个社群中借由学习及分享所得的生活模式；

（4）社会因素：将贫穷视为其他人（包括政府及经济体系）所造成的后果；

（5）结构性因素：贫穷是社会结构所导致的；

（6）文化因素：如把贫穷归咎于过度消费；

（7）气候与环境因素：如气候变暖带来极端气候及影响水资源，使土地不宜耕种及畜牧，形成粮食供应短缺及生计问题而陷入贫穷。

1.3　贫困的识别

贫困人口及其分布区域的有效瞄准和识别是新阶段连片特困区农村扶贫开发需要解决的首要问题。对于贫困人口的判断失误将直接导致扶贫救助资源的浪费，而且把真正需要帮助的人排挤在外，严重损害扶贫工作的效率。

传统的识别贫困区域及贫困人口的贫困测算方法主要是基于农民收入这一指标，单单依靠收入指标往往不能准确识别贫困个体及其贫困特征，造成该扶不扶现象（王艳慧等，2013）。伴随贫困概念向能力与权利方向的延伸，贫困的测度也由单一的收入拓展到教育、权利、资源等多领域的综合度量，多维贫困概念的提出正是该趋势的反映（王素霞、王小林，2013）。利用多维贫困的概念，从多维角度把握贫困的实质，并进行多维贫困的具体度量和分析成为近年来国内外研究的焦点。

贫困识别通常可分为家庭或个体识别和地理识别两种。地理识别是指以不同尺度的地理单元为单位进行的贫困识别。贫困人口数量少且分布较分散的国家贫困识别大多是在个体和家庭尺度开展的，但中国农村贫困面依然很大、剩余贫困人口分布具有明显区域性特征决定了未来较长的一段时期，中国的扶贫项目瞄准仍需要以区域瞄准为主，即需要对贫困区域进行地理识别和认定（徐勇、刘艳华，2015）。

贫困识别的方法与模型较多，可参考相关文献，并非本研究的主要目标，后续章节中将针对研究示范区进行简单的识别。

1.4 贫困与自然灾害

在我国，贫困地区多处于西北、西南，呈块状、片状分布在高原、山地、丘陵、沙漠、喀斯特等地区，这些地区也是自然灾害的高发区。

不难发现，贫困与灾害总是相伴而生的。一方面，由于贫困地区的脆弱性更高，因此更容易受到灾害的侵袭。灾害过后，发达地区依靠其积累的资本会很容易恢复，而贫困地区如果没有外界的帮助则很难恢复到以前的生活水平。另一方面，灾害的发生加大了贫困地区的贫困程度。贫困人口在很大程度上是由于灾害造成的，"因灾致贫"、"因灾返贫"是造成我国贫困人口数量居高不下的主要原因之一。以汶川大地震为例，此次地震大大加深了灾区的贫困程度，根据试点村和典型村推算，51 个极重或重灾县因灾返贫率大幅提高，贫困发生率由灾前的30% 上升到 60% 以上，据 110 个村的典型调查，农民人均纯收入从 2000 多元下降到千元以下（中国发展门户，2008）。根据民政部 2010 年全国民政事业统计季报（2010 年第四季度）数据显示，2010 年农作物受灾面积 3742.6 万公顷，受灾人口4.3 亿人次，成灾面积占受灾面积的 49.5%（民政部，2010）。贫困村大部分农户都受到自然灾害、病虫害和环境退化事件的打击，其比例分别占到 76.7%、79.9% 和 57.9%（李小云等，2004）。

对于贫困与灾害关系的研究，已有大量的学者分别从定性与定量的角度予以了分析论证，可以看出灾害是导致我国扶贫工作难有成效的关键因素之一。王国敏定性地指出自然灾害总是与贫困相伴随，且呈正相关关系。自然灾害对人类生产和生活的破坏作用日益加重，从而导致一部分农村人口处在贫困线上，或使一部分已经脱贫的人们重新返贫，使得我国全面建设小康社会的任务更加艰巨（王国敏，2005）。张晓定量地分析了水旱灾害与农村贫困的关系，研究发现：按成灾面积比例和受灾面积比例估算灾害弹性分别为 0.26 和 0.17，即水旱灾害对农业生产的破坏平均每提高 10%，农村贫困发生率便会增加 2% ~ 3%（1.7% ~ 2.6%）（张晓，1999）。

世界银行在 20 世纪 90 年代的研究中发现，80% 以上的穷人并不是"总是穷"，而是"有时穷"，原因是他们难以抵挡各种自然灾害侵袭，从而陷入贫困或返回贫困的境地。国家统计局农村社会经济调查总队调查的结果表明：自然灾害是大量返贫的主要原因，2003 年的绝对贫困人口中有 71.2% 是当年返贫人口。在当年返贫农户中，有 55% 的农户当年遭遇自然灾害，有 16.5% 的农户当年遭受减产 5 成以上的自然灾害，42% 的农户连续 2 年遭受自然灾害（国家统计局农村社会经济调查总队，2004）。

1.5　自然灾害加剧山区贫困

贫困地区往往缺少灾害抵御能力和灾后恢复能力，因此，同样的灾害会造成更为严重的贫困后果。

历史上，最贫困的人一般都居住在最危险的地方，地理上的困难村也大多位于远离交通干道的偏远地区，生态地理和自然环境较差，这些地方更具为脆弱（曲玮等，2010），自然灾害发生的频率也相对较高，而一旦灾害发生，其贫困程度必然加深。

无论是灾害发生前，还是灾害发生时，以及灾害发生后，贫困地区和贫困边缘人群在物质和能力上的不足，也加剧了贫困程度的进一步深化。

灾害发生前，贫困人群的防灾能力相对较差，表现为经济结构单一、文化素质低下、思想观念落后、物资基础薄弱、防范技能缺乏，避灾的可行能力不足。

灾害发生时，贫困人群的减灾能力相对较弱，表现为房屋质量差、抵御能力弱、避灾知识少等。以房屋为例，由于房屋质量普遍较差，这些房屋更易于遭受损坏，贫困者仅有的资产被剥夺也就最彻底。

灾害发生后，贫困人群的重建能力相对缺乏，表现为对原有基础破坏大、可用资金物质少、外界援助进入难、恢复重建难度较大、所需时间长。

更为不幸的是，发生灾害后，贫困程度加深的社区，更为脆弱。如果灾害再次发生，则贫困越陷越深，如此循环往复，导致该区域的极度贫困。

1.6　贫困地区易受灾原因

1.6.1　自然环境脆弱

从自然环境的脆弱性和历史的范畴看，贫困地区往往脆弱性较强，其更容易发生灾害，这就增加了贫困地区加剧贫困的可能。历史上，最贫困的人一般都居住在最危险的地方，困难村也大多位于远离交通干道的偏远地区，生态地理和自然环境较差，这些地方更具有脆弱性，灾害发生的频率也相对较高，而一旦灾害发生，其贫困程度必然加深。

1.6.2 经济基础设施薄弱，抵御灾害能力有限

从可行能力和现实的范畴看，在灾害发生的前、中、后三个阶段，贫困地区和困难人群表现出防灾、减灾和重建的可行能力不足，从而也加剧了贫困程度的进一步深化。一方面，在灾害发生以前，贫困地区和困难人群的防灾能力相对较差，表现为经济结构单一、文化素质低下、思想观念落后、物资基础薄弱、防范技能缺乏，避灾的可行能力不足；另一方面，当灾害发生时，贫困地区和困难人群的减灾能力相对较弱，表现为房屋质量差、抵御能力弱、避灾知识少等。以房屋为例，由于房屋质量普遍较差，在遭遇灾害时更易倒塌，贫困者仅有的资产被剥夺也就最彻底。

1.6.3 灾后重建能力困难

在灾害发生后，贫困地区和困难人群的重建能力相对缺乏，表现为对原有基础破坏大、可用资金物质少、外界援助进入难、恢复重建难度较大、所需时间长。最后，从贫困和未来的范畴看，这些发生灾害后贫困程度加深的贫困地区，其更大的脆弱性和更低的可行能力又会招致灾害的再次发生，如此循环往复，贫困地区将变得更加贫困。

由此可见，灾害风险、脆弱性、可行能力与贫困具有内在的规律和逻辑关联。在集中连片少数民族贫困地区，这种关联体现得更为充分。从某种程度上说，在同样的灾害发生时，受脆弱性、可行能力等因素的影响，贫困地区的受损会更大。

1.6.4 人口素质不高，灾害风险意识淡薄

人口素质包括知识层次通常是衡量地区发展水平的常用指标，也可反映该地区遭遇灾害时人们的应急反应水平。较高的人口素质可以使受灾者在灾害发生时做出正确的反应，减少灾害损失。但是由于农村贫困地区居民普遍人口素质较低，灾害风险意识淡薄，缺乏应对灾害的技能和基本常识，灾害发生时无法及时做出正确的反应，且灾害发生后自救能力相对较弱，习惯于等待救援，既延误了最佳救灾时机又加大了灾害损失。此外，公共卫生资源的薄弱和匮乏及其发展滞后，既增大了由于对污染和废物处理不当所带给人们的健康风险，又使得在灾害发生后灾民无法得到及时救助，易引发相关疫病（张大维，2011）。

第2章 山 地 灾 害

2.1 山地灾害分类

山地灾害有广义和狭义之分。

广义的山地灾害指发生在山区的各种自然灾害。在中国发生的各种自然灾害中，除海啸和海侵等少数灾害外，大部分灾害均可发生在山区。

狭义的山地灾害指发生在山区的各种特有自然灾害，包括泥石流、滑坡、崩塌、山洪、雪崩等，可被称为山地特有灾害（mountain specific hazard）。

2.2 山地灾害种类

山地灾害较为常见的种类有泥石流、滑坡、崩塌、山洪、冰崩、雪崩、水土流失等7种，前6种为突发性山地灾害，水土流失为渐进性山地灾害，也有人称为缓发性山地灾害。

泥石流、山洪、滑坡、崩塌是我国主要的山地灾害类型，其中泥石流、滑坡危害最为严重，每年都造成大量人员伤亡和财产损失，严重地影响到各地经济的持续发展和社会的安定，引起各国政府的高度重视，被列为联合国《减轻自然灾害十年》的两个重要灾种（王成华、吴积善，2006）。

2.3 山地灾害常见灾种介绍

山地灾害种类较多，其成灾机理由于物质组成的不同而各不相同，如泥石流是固体、液体混合物质；崩塌主要为硬质岩类；而滑坡既有土质滑坡，又有岩质滑坡，更有碎石土滑坡；山洪主要为高速流动的流体。因此各灾种内部机理相差较大。鉴于本书的主要读者对象，本章节汇集了常见的山地灾害灾种：崩塌、滑坡、泥石流成灾机理及近期灾害事例，以便读者参考。

2.3.1　崩塌

崩塌概念分广义与狭义两种。

狭义的崩塌指斜坡上的岩土块体在长期重力作用下向坡下弯曲，最终发生断裂、倾倒的块体运动现象（国家防汛抗旱总指挥办公室等，1994）。广义的崩塌还包括坠落。

坠落是指斜坡上呈悬空状态的岩土块体长期在重力作用下弯曲而折断，以自由落体方式运动的现象。

斜坡上的岩土体已有变形迹象，但还没有崩塌坠落下来，称为危岩。

2.3.1.1　崩塌类型

崩塌分类方案有多种，表 2-1 列出常见的分类方案。

表 2-1　常见的崩塌分类方案

分类依据	类型	简述
块体方位	坠落式 倾倒式	斜坡上悬空的岩土体呈悬臂梁受力状态而发生断裂，以自由落体方式脱离母体； 斜坡上岩土体受重力发生弯曲，最终断裂、倾倒而脱离母体
体积/m³	特大型 大型 中型 小型 落石	>1000 100～1000 10～100 1～10 <1
物质	岩崩 土崩	物质为岩质； 物质为土质
块体规模	崩塌 坠落 剥落	大规模整体运动，范围大； 个别块体的运动，范围小； 岩屑崩落，剥落后所暴露出的坡面依然是稳定的
运动方式	坠落式 跳跃式 滚动式 滑动式 复合式	崩塌块体呈自由落体方式自由运动； 崩塌块体碰撞地面呈跳跃方式运动； 崩塌块体沿坡面呈滚动方式运动； 崩塌块体沿坡面呈滑动方式运动； 崩塌块体在坡面上呈多种复合方式运动

2.3.1.2　崩塌的发育环境条件

崩塌多发生于温差很大的大陆性气候区，新构造运动强烈的抬升地区，尤其是间歇式抬升地区和高山峡谷区，以及寒冻风化地带。

崩塌的发生环境条件可划分为内部条件和外部条件两大类。

1）内部条件

地层岩性、坡体结构、高陡的临空面等。

2）外部条件

降雨、温差、地下水、地表水、地震、植被、人为活动等。

其中，内部条件是崩塌发生的根本，外部条件常常起到激发或加剧的作用。

2.3.1.3　近期灾害

2014 年 5 月 24 日上午 10 时左右，由于连续强降雨，湖南省古丈县境内省道 S229 线 56～57km 处，罗依溪镇黑潭坪路段多处山体滑坡、路基冲毁，造成 S229 省道交通中断，200 余台车辆无法通行。

2014 年 11 月 28 日 13 时 20 分左右，受连日阴雨影响，恩施土家族苗族自治州巴东县绿松坡镇锦衣村发生一起山体崩塌，崩塌体 250 余立方米，坠落高度约 100m，造成两人死亡，部分基础设施受损。

2.3.2　滑坡

滑坡是斜坡岩土体在重力作用下，沿着贯通的剪切破坏面所发生的整体滑移的现象。

2.3.2.1　危害

滑坡常常给工农业生产以及人民生命财产造成巨大损失，有的甚至是毁灭性的灾难。

滑坡对乡村最主要的危害是摧毁农田、房舍、伤害人畜、毁坏森林、道路以及农业机械设施和水利水电设施等。位于城镇的滑坡常常砸埋房屋，伤亡人畜，毁坏田地，摧毁工厂、学校、机关单位等，并毁坏各种设施，造成停电、停水、停工，有时甚至毁灭整个城镇。发生在工矿区的滑坡，可摧毁矿山设施，伤亡职工，毁坏厂房，使矿山停工停产，常常造成重大损失。

2.3.2.2　分类

为了更好地认识滑坡和治理滑坡，需要对滑坡进行分类。但由于自然界的地质条件和各种作用因素复杂，各种工程分类的目的和要求又不尽相同，因而可从不同角度进行滑坡分类，根据我国的滑坡类型可有如下的滑坡划分。

1）按规模

（1）小型滑坡：滑坡体积小于 $10 \times 10^4 \mathrm{m}^3$；

（2）中型滑坡：滑坡体积为 $10 \times 10^4 \sim 100 \times 10^4 \mathrm{m}^3$；

（3）大型滑坡：滑坡体积为 $100 \times 10^4 \sim 1000 \times 10^4 \mathrm{m}^3$；

（4）特大型滑坡（巨型滑坡）：滑坡体体积大于 $1000 \times 10^4 \mathrm{m}^3$。

2）按滑动速度

（1）蠕动型滑坡：人们只凭肉眼难以看见其运动，只能通过仪器观测才能发现的滑坡；

（2）慢速滑坡：每天滑动数厘米至数十厘米，人们凭肉眼可直接观察到滑坡的活动；

（3）中速滑坡：每小时滑动数十厘米至数米的滑坡；

（4）高速滑坡：每秒滑动数米至数十米的滑坡。

3）按滑坡体的物质组成和滑坡与地质构造关系

（1）覆盖层滑坡，本类滑坡有黏性土滑坡、黄土滑坡、碎石滑坡、风化壳滑坡。

（2）基岩滑坡，本类滑坡与地质结构的关系可分为均质滑坡、顺层滑坡、切层滑坡。顺层滑坡又可分为沿层面滑动或沿基岩面滑动的滑坡。

（3）特殊滑坡，本类滑坡有融冻滑坡、陷落滑坡等。

2.3.2.3　形成条件

一是地质条件与地貌条件；二是内外营力（动力）和人为作用的影响。第一个条件与以下几个方面有关：

1）岩土体类型

岩土体是产生滑坡的物质基础。一般说，各类岩、土都有可能构成滑坡体，其中结构松散，抗剪强度和抗风化能力较低，在水的作用下其性质能发生变化的岩、土，如松散覆盖层、黄土、红黏土、页岩、泥岩、煤系地层、凝灰岩、片岩、板岩、千枚岩等及软硬相间的岩层所构成的斜坡易发生滑坡。

2）地质构造条件

组成斜坡的岩、土体只有被各种构造面切割分离成不连续状态时，才有可能向下滑动的条件。同时，构造面又为降雨等水流进入斜坡提供了通道。故各种节理、裂隙、层面、断层发育的斜坡，特别是当平行和垂直斜坡的陡倾角构造面及顺坡缓倾的构造面发育时，最易发生滑坡。

3）地貌条件

只有处于一定的地貌部位，具备一定坡度的斜坡，才可能发生滑坡。一般江、河、湖（水库）、海、沟的斜坡，前缘开阔的山坡、铁路、公路和工程建筑物的边坡等都是易发生滑坡的地貌部位。坡度大于 10°，小于 45°，下陡中缓上陡、上部成环状的坡形是产生滑坡的有利地形。

4）水文地质条件

地下水活动在滑坡形成中起着主要作用。它的作用主要表现在：软化岩、土，降低岩、土体的强度，产生动水压力和孔隙水压力，潜蚀岩、土，增大岩、土容重，对透水岩层产生浮托力等。尤其是对滑面（带）的软化作用和降低强度的作用最突出。

就第二个条件而言，在现今地壳运动的地区和人类工程活动的频繁地区是滑坡多发区，外界因素和作用，可以使产生滑坡的基本条件发生变化，从而诱发滑坡。主要的诱发因素有：地震、降雨和融雪、地表水的冲刷、浸泡、河流等地表水体对斜坡坡脚的不断冲刷；不合理的人类工程活动，如开挖坡脚、坡体上部堆载、爆破、水库蓄（泄）水、矿山开采等都可诱发滑坡，还有如海啸、风暴潮、冻融等作用也可诱发滑坡。

2.3.2.4　时间分布规律

滑坡的活动时间主要与诱发滑坡的各种外界因素有关，如地震、降雨、冻融、海啸、风暴潮及人类活动等。大致有如下规律。

1）群发性

有些滑坡受诱发因素的作用后，立即活动。如强烈地震、暴雨、海啸、风暴潮等发生时，进行不合理的人类活动，如开挖、爆破等时，都会有大量的滑坡出现。

2）滞后性

有些滑坡发生时间稍晚于诱发作用因素的时间。如降雨、融雪、海啸、风暴潮及人类活动之后。这种滞后性规律在降雨诱发型滑坡中表现最为明显，该类滑坡多发生在暴雨、大雨和长时间的连续降雨之后，滞后时间的长短与滑坡体的岩性、结构及降水量的大小有关。一般讲，滑坡体越松散、裂隙越发育、降水量越大，则滞后时间越短。此外，人工开挖坡脚之后，堆载及水库蓄、泄水之后发生的滑坡也属于这类。由人为活动因素诱发的滑坡的滞后时间的长短与人类活动的强度大小及滑坡的原先稳定程度有关。人类活动强度越大、滑坡体的稳定程度越低，则滞后时间越短。

2.3.2.5　空间分布规律

主要与地质因素和气候等因素有关。通常下列地带是滑坡的易发和多发地区。

1）水系的岸坡地带

地形高差大的峡谷地区、山区、铁路、公路、工程建筑物的边坡地段等。由于自然或人为因素对坡脚的侵蚀、破坏，形成临空面，这些地带为滑坡发育提供了有利的地形地貌条件。

2）地质构造带周边，如断裂带、地震带等

地震是滑坡的重要激发因素，通常，地震烈度大于 7 度的地区，坡度大于 25 度的坡体，在地震中极易发生滑坡。断裂带中的岩体破碎、裂隙发育，则非常有利于滑坡的形成。

3）易滑的岩、土分布区

松散覆盖层、黄土、泥岩、页岩、煤系地层、凝灰岩、片岩、板岩、千枚岩等岩、土的存在，为滑坡的形成提供了良好的物质基础。

4）暴雨多发区或异常强降雨地区

上述地带的叠加区域，就形成了滑坡的密集发育区。如果再加上强降雨活动的诱发，就会导致灾害数量的大量增加。

2.3.2.6　近期灾害

（1）2013 年 3 月 26 日，洛（阳）湛（江）铁路娄（底）邵（阳）线洪山殿至双板桥区间 K131+696 处因强降雨导致线路周边山体滑坡，约 $800m^3$ 的泥石流冲击浸漫铁路道床及枕木 100 多米，致使行经该处的 26326 次货车 3 节车厢脱轨，无人员伤亡。当日上午及前一天晚上，当地降下暴雨，因而导致山体滑坡。

（2）2012 年 7 月 25 日 5 时，湖北恩施境内恩施至鹤峰省道红土乡集镇附近发生山体滑坡，造成五台车辆被埋，交通、供电中断。

（3）2009 年 5 月 6 日，位于三峡库区的湖北省巴东县沿渡河镇姚家滩滑坡体整体下滑，后缘下挫 5m 左右。现场调查表明，该滑坡体体积约 60 万 m^3。滑坡已导致 6 户 7 栋房屋垮塌，500m 公路损毁。

2.3.3　泥石流

泥石流是暴雨、洪水将含有沙石且松软的土质山体经饱和稀释后形成的固液二相流，具有较强的冲击力。典型的泥石流由悬浮着粗大固体碎屑物并富含粉砂及黏土的黏稠泥浆组成。在适当的地形条件下，大量的水体浸透流水山坡或沟床中的固体堆积物质，使其稳定性降低，饱含水分的固体堆积物质在自身重力作用下发生运动，就形成了泥石流。泥石流是一种灾害性的地质现象。泥石流爆发突然、来势凶猛，可携带巨大的石块。因其高速前进，具有强大的能量，因而破坏性极大。

泥石流广泛分布于世界各国具有特殊地形、地貌状况的地区。激发条件包括暴雨、冰川冰雪融水、冰湖溃决等。它与一般洪水的区别是洪流中含有足够数量的泥沙石等固体碎屑物，其体积含量最少为15%，最高可达80%左右，因此比洪水更具有破坏力。

2.3.3.1 泥石流的分类

1）按物质成分分类

（1）由大量黏性土和粒径不等的砂粒、石块组成的叫泥石流；

（2）以黏性土为主，含少量砂粒、石块，黏度大、呈稠泥状的叫泥流；

（3）由水和大小不等的砂粒、石块组成的称之为水石流。

2）按流域形态分类

（1）沟谷型泥石流。为典型的泥石流，流域呈扇形，面积较大，能明显地划分出形成区、流通区和堆积区。

（2）山坡型泥石流。发生于坡面上，或流域面积一般小于1000㎡，无明显流通区，形成区与堆积区直接相连。

3）按流体性质分类

（1）黏性泥石流。含大量黏性土的泥石流或泥流。其特征是：黏性大，固体物质占40%~60%，最高达80%。其中的水不是搬运介质，而是组成物质，稠度大，石块呈悬浮状态，暴发突然，持续时间亦短，破坏力大。

（2）过渡性泥石流。过渡性泥石流介于黏性泥石流与稀性泥石流之间，容重为1.8~2.0t/m³。

（3）稀性泥石流。以水为主要成分，黏性土含量少，固体物质占10%~40%，有很大分散性。水为搬运介质，石块以滚动或跃移方式前进，具有强烈的下切作用。其堆积物在堆积区呈扇状散流，停积后似"石海"。

以上分类是中国最常见的分类方法，除此之外还有多种分类方法。如按泥石流的成因分类有：冰川泥石流，降雨型泥石流；按泥石流规模分类有：大型泥石流，中型泥石流和小型泥石流；按泥石流发展阶段分类有：发展期泥石流，旺盛期泥石流和衰退期泥石流等。

2.3.3.2　泥石流的形成条件

1）地貌条件

在地形上具备山高沟深，地形陡峻，沟床纵比降大，流域形状便于水流汇集。在地貌上，泥石流的地貌一般可分为形成区、流通区和堆积区三部分。上游形成区的地形多为三面环山，一面出口为瓢状或漏斗状，地形比较开阔、周围山高坡陡、山体破碎、植被生长不良，这样的地形有利于水和碎屑物质的集中；中游流通区的地形多为狭窄陡深的峡谷，谷床纵坡降大，使泥石流能迅猛直泻；下游堆积区的地形为开阔平坦的山前平原或河谷阶地，使堆积物有堆积场所。

2）松散物质来源条件

泥石流常发生于地质构造复杂、断裂褶皱发育、新构造活动强烈、地震烈度较高的地区。地表岩石破碎、崩塌、错落、滑坡等不良地质现象发育，为泥石流的形成提供了丰富的固体物质来源；另外，岩层结构松散、软弱、易于风化、节理发育或软硬相间成层的地区，因易受破坏，也能为泥石流提供丰富的碎屑物来源；一些人类工程活动，如滥伐森林造成水土流失，开山采矿、采石弃渣等，往往也为泥石流提供大量的物质来源。

3）水文条件

水既是泥石流的重要组成部分，又是泥石流的激发条件和搬运介质（动力来源），泥石流的水源，有暴雨、冰雪融水和水体溃决等形式。我国泥石流的水源主要是暴雨、长时间的连续降雨等。

2.3.3.3　泥石流的发生规律

1）突发性

泥石流持续时间从几分钟到几十分钟不等，历时短暂，但往往暴发突然，具有突发性的特征。这种突发性使得泥石流准确地预测和有效地预防较为困难，造成灾情加重。

2）季节性

我国泥石流的暴发主要是受连续降雨、暴雨，尤其是特大暴雨集中降雨的激发。因此，泥石流发生的时间规律与集中降雨时间规律相一致，具有明显的季节性。一般发生在多雨的夏秋季节。因集中降雨的时间的差异而有所不同。四川、云南等西南地区的降雨多集中在 6~9 月，因此，西南地区的泥石流多发生在 6~9 月；而西北地区降雨多集中在 6、7、8 三个月，尤其是 7、8 两个月降雨集中，暴雨强度大，因此西北地区的泥石流多发生在 7、8 两个月。据不完全统计，发生在这两个月的泥石流灾害约占该地区全部泥石流灾害的90%以上。

3）周期性

泥石流的发生受暴雨、洪水的影响，而暴雨、洪水总是周期性地出现。因此，泥石流的发生和发展也具有一定的周期性，且其活动周期与暴雨、洪水的活动周期大体一致。当暴雨、洪水两者的活动周期与季节性相叠加，常常形成泥石流活动的一个高潮。

2.3.3.4　泥石流的危害

泥石流常常具有暴发突然、来势凶猛、迅速、冲击力强等特征，并兼有崩塌、滑坡和洪水破坏的双重作用，其危害程度比单一的崩塌、滑坡和洪水的危害更为广泛和严重。它对人类的危害主要表现在四个方面。

1）居民点

泥石流最常见的危害之一，是冲进乡村、城镇，摧毁房屋、工厂、企事业单位及其他场所设施。淹没人畜、毁坏土地，甚至造成村毁人亡的灾难。如1969年8月云南省大盈江流域弄璋区南拱泥石流，使新章金、老章金两村被毁，97人丧生，经济损失近百万元。还有2010年8月7日至8日，甘肃省舟曲暴发特大泥石流，造成1270人遇难474人失踪，舟曲县城5km长、500m宽区域被夷为平地。

2）农田

山区平地及适宜耕作的坡面面积有限，而泥石流沟口及平坦的沟道内，成为当地居民开发农田的重要位置，而这些区域皆为泥石流的危险区，极易遭受泥石流冲毁、淤埋等危害。

3）交通

泥石流可直接埋没车站、铁路、公路，摧毁路基、桥涵等交通线路及设施，致使交通中断，还可引起正在运行的火车、汽车颠覆，造成重大的人身伤亡事故。有时泥石流汇入河道，引起河道大幅度变迁，间接毁坏公路、铁路及其他构筑物，甚至迫使道路改线，造成巨大的经济损失。如甘川公路394km处对岸的石门沟，1978年7月暴发泥石流，堵塞白龙江，公路因此被淹1km，白龙江改道使长约两千米的路基变成了主河道，公路、护岸及渡槽全部被毁。该段线路自1962年以来，由于受对岸泥石流的影响已3次被迫改线。新中国成立以来，泥石流给我国铁路和公路造成了无法估计的巨大损失。

4）人类工程

泥石流常常冲毁水电站、引水渠道及过沟建筑物，淤埋水电站尾水渠，并淤积水库、磨蚀坝面等。还常摧毁矿山及其设施，淤埋矿山坑道、伤害矿山人员、造成停工停产，甚至使矿山报废。

2.3.3.5　近期灾害

2014 年 7 月 14 日下午 18 时 40 分许，贵州省桐梓县新站镇蒙渡村境内一山坡发生泥石流，将下方的川黔铁路和 210 国道阻断（图 2-1），一根通讯主线缆被砸断，110 多座移动基站因此瘫痪，当地移动通讯全部中断。泥石流持续约 20 分钟，沟口堆积物约 500 多立方米，沟道上方松动物源约有上千立方米。川黔铁路太白至蒙渡火车站区间发生泥石流，川黔铁路一度中断，导致 14 趟列车停运，多趟列车晚点或绕行。

图 2-1　川黔铁路因泥石流中断

2.3.4　山洪

山洪是发生在山区溪沟中的快速、强大的地表径流现象。一般特指发生在山区流域面积较小的溪沟或周期性流水的荒溪中，历时较短、暴涨暴落的地表径流。

一般山洪的流域面积小于 50km^2，历时几小时到十几小时，很少能达到 1 天。通常发生山洪的溪沟完全处于山区。

2.3.4.1　山洪的分类

按成因，可将山洪分为以下几种类型。

1) 暴雨山洪

在强烈暴雨作用下，雨水迅速由坡面向沟谷汇集，形成强大的洪水冲出山谷。

2) 冰雪山洪

由于迅速融雪或冰川迅速融化而形成的冰水或雪水直接形成洪水向下游倾泻形成山洪。

3) 溃水山洪

拦洪、蓄水设施或天然坝体突然溃决，所蓄水体破坝而出形成山洪。

以上山洪的几种成因有时单独作用，也有可能多种成因共同作用下形成山洪。上述分类中，以暴雨山洪在我国分布最广，暴发频率最高，危害也最严重。

2.3.4.2　山洪的形成条件

山洪是一种地面径流现象，同水文学相邻的地质学、地貌学、气候学及植物学等都有密切关系，但山洪形成中最主要的因素，仍是水文因素。

山洪的形成条件分为自然因素与人为因素。

1) 自然因素

水源、下垫面条件（地形、地质、土壤与植被）。

2) 人为因素

包括不合理地森林采伐导致的山体裸露、烧山开荒、陡坡耕种等破坏山区的植被等，在自然环境遭受破坏的山区极易在暴雨下形成山洪。此外，山区采矿的不合理弃渣、山区土建施工中对山坡及上覆植被的破坏等，都会恶化山区涵水条件，导致暴雨时，地面汇流集中，增大山洪的洪峰流量，使山洪的活动性增强，规模增大，危害加重。

2.3.4.3　近期灾害

2003 年 7 月 5 日晚至 7 月 9 日下午，湖南省张家界普降大雨，张家界和湘西地区普降暴雨，造成山洪暴发。据湖南省民政部门的统计结果显示，7 月 5 日至 9 日下午 3 时止的暴雨灾害给湘西自治州的 7 个县、张家界的 4 个县、常德市的 5 个县、岳阳市的 3 个县、怀化市的 2 个县和益阳市的 1 个县造成了严重的损失。受灾人口 394 万，成灾人口 263 万，伤病 1226 人，被困人口 20.2 万，紧急转移安置人口 21 万，无家可归人口 41 万，被困村庄 372 个，永顺县、慈利县和永定区城区进水被淹。农作物受灾面积 23.8 万公顷，倒塌房屋 3 万间，损坏房屋 10.4 万间，直接经济损失 27.2 亿元，其中农业直接经济损失 13.7 亿元。

2.4　山地灾害的特点

与平原、低地灾害相比，山地特有灾害具有启动时间快、持续时间短、隐蔽性强、预测难度大、分布分散、破坏力强等特征。同时，山地特有灾害具有链式反应和群发、多发的特点。一种类型山地灾害的发生可能触发其他类型山地灾害的连锁反应，导致灾害在时空上的扩展。例如山洪可为泥石流的形成提供水动力，滑坡可为泥石流的形成提供大量的松散土体，山洪和泥石流既可冲刷和侧蚀沟床，也可促进滑坡的活动，而泥石流和滑坡可导致江河与沟道堵塞，导致溃决性洪水的形成和洪灾的发生。

在广义的山地灾害中，除了山地特有灾害外，还有其他类型的自然灾害，如地震、干旱和地面塌陷等。这些灾害既可发生在山区，也可出现在非山区，可被称为山地非特有灾害（mountain non-specific hazard）。在山地非特有灾害中，有些灾害发生在山区时，会造成比平原地区更为严重的灾难后果，即山区环境会加重自然灾害的灾难后果。例如发生在山区的地震，除了造成一般地震所引发的财产损失和人员伤亡外，还会引发山体滑坡和崩塌，形成堰塞湖溃坝等各种次生灾害，加重灾害的损失（如 2008 年发生的汶川地震），山地灾害的持续时间和危害性远远大于地震造成的直接危害。不过，也有一些山地非特有灾害在山区发生时，其危害程度远没有平原那么严重。如流域性的大洪水，因持续的时间长，越靠近下游，灾害的放大效应越明显，山区居民有时间得到转移安置，灾害损失相对较小，而下游地区，特别是平原地区会造成大面积的洪涝灾害，并给地处低洼地区居民造成严重损失。发生在 1982 年和 1998 年的长江流域大面积洪灾当属此种情况。

2.5　山地灾害的成因

山区自然灾害之所以频繁发生，一个重要的原因就是山区人口分布与灾害危险区的重叠性。山区人口聚落常沿河谷等平缓地带分布，而这些地方通常是山地灾害的高发区。再者，由于经济原因，人类对山区的改造活动愈加频繁，导致山地灾害的进一步频发。此外，随着人口的持续增多及经济活动由沿海向内地的延伸，许多山区村庄、道路和房屋不可避免地建在自然灾害危险区和隐患点上，因而导致更多山地灾害的发生。在山区人口中，常年居住在山区的人口又多为老人、小孩和残障人士，这些人是我国人口中的弱势人群，他们在自然灾害面前常常无力自救，有时只能听天由命。山区人口的分布特点和留守弱势人群的增多无疑增加了山区人文环境的脆弱性。

山区自然环境的脆弱性决定了山区自然灾变事件多样而频繁，而山区人文环境的脆弱性决定了山区发生各种灾害的可能性大大增加。在山区，如果没有脆弱的人文环境及其社会组成要素对自然灾变的暴露，灾变事件的发生就是纯自然事件，也就不会演变为导致人类损失的灾难（陈勇等，2013）。

从山区自然灾变的环境因子、驱动因子和灾害形成过程看，山区自然灾害发生的环境因子有气候、地质（包括岩层、断层等）、地形等独立因子和气象、土壤、植被等非独立因子。独立因子相对比较稳定，在短期内不易改变；而非独立因子会随其他因子的改变而发生变化。自然灾变事件（如泥石流、滑坡和山洪等）会在一定的气象条件下（或极端气候条件下）作用处于暴露状态的人类社会（生命、财产和基础设施）。当人类社会的脆弱性上升到一定程度后，自然灾害或灾难的降临就成了高概率事件。

目前，除极端气候事件会诱发山地灾害外，各种来自山区内部和外部的人类活动也会触发山地灾害的发生。山区人类活动包括毁林开荒、陡坡耕种、建房修路和修渠引水等，而来自山区外部的人类活动包括建坝发电、筑路凿洞（如大规模旅游开发修建跨区域铁路、公路等）、商业开采、商业伐木等（图2-2）。

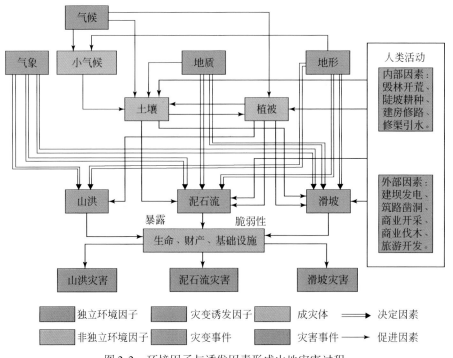

图 2-2 环境因子与诱发因素形成山地灾害过程

2.6 山地灾害评价

对自然灾害进行评估、评价，是灾害研究及减灾防灾的客观需要。通常而言，灾害评价包括三个维度的内容（图2-3）。

1）灾害类型

包括滑坡、泥石流、崩塌、山洪、火山……。

2）评价内容

评价内容包括：灾害体的评价，包括灾害易发性、危险性；承灾体评价，包括承灾体的脆弱性、承灾体风险；灾情评价，如灾害损失评价；灾害相关工程的评价，如灾害防治工程效益评估等（罗元华等，1998）。

3）空间维度

根据灾害的空间范围分为单体灾害（点式、线状灾害）与区域灾害（面状灾害）。

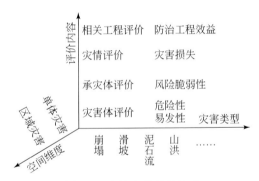

图 2-3 山地灾害评价构成

2.6.1 灾害体评价

2.6.1.1 易发性评价

易发性（susceptibility），也有翻译为敏感性，指某一区域内现有山地灾害或潜在灾害的类型、体积（面积）和空间分布的定性或定量评价，同时也可包括现有灾害的强度和规模，是滑坡危险性表征的重要方面。通常易发性高的区域更容易产生山地灾害。

通俗来讲就是回答"什么地方最容易发生山地灾害"的问题。一般是在重点分析现有山地灾害编目的基础上，在地质灾害所处的地形地貌、气象水文、地质构造、斜坡结构、地质环境、植被覆盖、土地利用等组合条件下发生山地灾害的可能性，是山地灾害发生倾向性的综合度量。从本质上来讲，所谓的山地灾害易发性评价就是一个映射分析，用数学语言来表述就是山地灾害易发性在给定的地质环境条件下斜坡失效的空间发生概率。不考虑诱发因素，不涉及地质灾害时间概率等问题（邱海军，2012）。

2.6.1.2　危险性评价

危险性（Hazard），Varnes 和他的合作者定义危险性为：在一个特定的时间内给定的区域中潜在破坏现象发生的概率（Varnes，1984）。强调地质灾害的自然属性。目前国内对于地质灾害危险性指的是给定区域内一定时间地质灾害发生的强度与可能性。如果将地质灾害的出现视为随机事件，则地质灾害危险性分析的任务就是估计各种强度的地质灾害发生的概率或重现期（Yin et al.，2007）。

2.6.2　承灾体评价

承灾体（Elements at Risk），是指在一个区域潜在的受山地灾害影响的人口，建筑工程，经济活动，公共服务设施，基础设施等要素。

2.6.2.1　脆弱性（易损性）评价

由于不同应用领域间研究对象和学科视角的不同，不同应用领域对"脆弱性（vulnerability）"这一概念的界定角度和方式有很大差异，并且同一概念被不同研究领域学者所运用时内涵有所不同。

自然灾害、气候变化等自然科学领域认为脆弱性是系统由于灾害等不利影响而遭受损害的程度或可能性（Alexander，2005），侧重研究单一扰动所产生的多重影响。通常在中文中用易损性来表达。

贫穷、可持续生计等社会科学领域认为脆弱性是系统承受不利影响的能力，注重对脆弱性产生的原因进行分析（李鹤等，2008）。一般在中文里用脆弱性来表达。

脆弱性评价是对某一自然、人文系统自身的结构、功能进行探讨，预测和评价外部胁迫（自然的和人为的）对系统可能造成的影响，以及评估系统自身对外部胁迫的抵抗力以及从不利影响中恢复的能力，其目的是维护系统的可持续发展，减轻外部胁迫对系统的不利影响和为退化系统的综合整治。

脆弱性评价内容包括：划分受灾体类型，统计分析可能受灾损失数量、损失程度，并核算价值。

2.6.2.2　风险评价

国外学术界和许多重要组织对风险已有长久的研究，提出了各种各样的风险定义。近年来，由于各种灾难给人类造成的损失急剧上升，导致减灾观念正从灾后的反应转变为灾前防御，灾害风险研究与风险管理得到了越来越多的重视。由于应用对象及过程的不同，风险定义有多种，包括损失的可能性与概率、期望损失等不同定义。对于自然灾害风险，大部分权威性辞典的定义为"面临的伤害和损失的可能性"，"人们在生产劳动和日常生活中，因自然灾害和意外事故侵袭导致的人身伤亡、财产破坏与利润损失"（马寅生等，2004）。黄崇福等定义为"自然灾害风险是由自然事件或力量为主因造成的生命伤亡和人类社会财产损失的可能性"（黄崇福等，2010）。1984 年，联合国教科文组织（UNESCO）将其定义为：由于某特定的自然灾害对经济、社会、人口所可能导致的损失。

因此，对于山地灾害风险，参考张梁（张梁、张建军，2000）等对地质灾害风险的定义，可以定义为："山地灾害发生并导致经济、社会、人口可能遭受到的损失"。

山地灾害风险程度主要取决于两方面条件。

1）山地灾害活动的动力条件

包括地质条件（岩土性质与结构、活动构造等）、地貌条件（地貌类型、切割程度等）、气象条件（降水量、暴雨强度等）、人为地质动力活动（工程建设、采矿、耕植、放牧等）。通常情况下，山地灾害活动的动力条件越充分，山地灾害活动越强烈，所造成的破坏损失越严重，灾害风险越高。

2）人类社会经济脆弱性

即承灾区生命财产和各项经济活动对山地灾害的抵御能力与可恢复能力，主要包括人口密度及人居环境、财产价值密度与财产类型、资源丰度与环境脆弱性等。通常情况下，承灾区（山地灾害影响区）的人口密度与工程、财产密度越高，人居环境和工程、财产对山地灾害的抗御能力以及灾后重建的可恢复性越差，生态环境越脆弱，遭受山地灾害的破坏越严重，所造成的损失越大，山地灾害的风险越高。

上述两方面条件分别称为危险性和易损性，它们共同决定了山地灾害的风险程度。

2.6.3　灾害损失评价

任务是核算人员伤亡及经济损失程度，评定灾度等级和风险等级等。即在掌握丰富的历史与现实灾害数据资料基础上，运用统计计量分析方法对灾害（包括单一灾害事故或并发、联发的多种灾害事故，下同）可能造成的、正在造成的或已经造成的人员伤害与财产或利益损失进行定量的评价与估算，以准确把握灾害损失现象的基本特征的一种灾害统计分析、评价方法。它包括灾害损失预评估、跟踪评估与实评估三种。

1）预评估

灾害损失的预评估是在灾害事故发生前对其可能造成的损失进行预测性评估，包括灾害事故可能造成的损害或损失大小、数量多寡及损害程度等，目的是在灾害事故发生前尽量采用最经济、最有效的方法消除或减少灾害所带来的损失后果。

2）跟踪评估

它是指在灾害事故发生时对其所造成的损失进行快速评估，目的是为抗灾抢险与救灾决策以及尽可能采取缩小损失程度的应急措施提供依据。

3）实评估

实评估是指灾害事故发生后，对其造成的实际损害后果进行计量，目的是客观、真实地反映本次（或本期）灾害损失的规律和程度，为进一步组织灾后救援工作与恢复重建工作并确定未来的减灾对策提供依据。

三种评估方法中，跟踪评估是基础，实评估是主体，预评估则是灾害评估科学化的表现，三者紧密结合，构成了灾害事故损失评估系统（许飞琼，1998）。

2.6.4 工程评价

工程评价主要包括工程措施评价、工程效益评价。

2.6.4.1 工程措施评价

工程措施评价是对已经完成的防治工程项目的目标、施工过程、经济效益进行系统、客观地分析，通过分析防治目标、功效是否达到，防治工程措施是否经济、合理，以便总结经验教训，及时有效地反馈信息，为以后灾害防治工程设计提供依据，使灾害防治更为科学、经济、合理（郑明新，2005）。

2.6.4.2 工程效益评价

山地灾害防治工程的效益评价包括社会效益、经济效益、环境效益与其他效益的评价。上述效益常常由于内涵模糊，难以量化，因此缺少实际评价标准。据张樑等的研究，可按下述方面进行评价：

1）社会效益

主要体现在保护人民生命安全，减少人员死亡，稳定人心方面。

2）环境效益

主要体现在：通过采取工程措施，生物措施对山地灾害进行综合治理后，将使流域的森林植被得到保护和恢复，提高森林植被覆盖率，形成一个多层结构的有机体，发挥其涵养水源，起到保水固土的作用，从而起到拦截降水、保护坡面、调节径流、削减洪峰、减小地表侵蚀、增强土体的稳定性和抗蚀能力的作用，使区域内生态环境得以改善，从恶性循环过渡到良性循环。

3）经济效益

主要体现在：保护山地灾害威胁区内人民的物质财产。保护的对象如城镇、村庄、农田、铁路、风景区等，是有价值的资产。通过泥石流防治减少了对物质财产造成的经济损失（张樑、梁凯，2005）。

2.6.5 评价空间维度

CEOS 将滑坡灾害评价划分为 4 个层次（CEOS，2002）：全球范围（<1∶1 000 000），区域层次（1∶100 000 ~ 1∶500 000），中等尺度（1∶25 000 ~ 1∶50 000）以及大尺度（1∶5 000 ~ 1∶15 000）。Leroi 把 GIS 支持下的滑坡灾害评价划分为 3 个层次（Eric Leroi，1996）：区域层次（1∶100 000），主要为滑坡编录；流域层次（1∶25 000），主要为灾害和危险区划；局域层次（1∶5 000）为确定性和统计风险评价（李向东、陈玉萍，2008）。可以将山地灾害评价按上述尺度进行分为 4 级（图 2-4）。

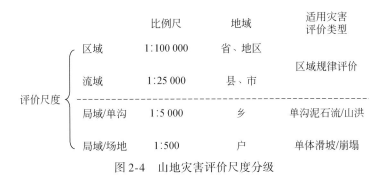

图 2-4 山地灾害评价尺度分级

2.7 山地灾害监测

山地灾害监测是通过各种传感器获取灾害体的变形发展信息，为预警提供数据支撑。按监测范围的大小划分为区域和场地两种尺度，通常默认是指通过地面传感器进行地面灾害监测。区域尺度地质灾害监测主要是以遥感（RS）为主，配合中长距离的 GPS 监测，主要了解大范围地质环境演变过程，为灾害危险性区划服务。通常数月或几年复测一次，以便掌握在不同阶段地质环境的演变。对于场地尺度的地质灾害监测，主要通过灾害体外表或内部物理传感器，实时获取灾害体的几何变形与物理、化学场的变化发展状态。

　　本研究主要面对贫困山区的山地灾害，因此区域尺度的山地灾害监测是主要研究目标，下面主要介绍基于遥感的山地灾害监测方法。

2.7.1　基本原理

　　山地灾害大多具有明显的形态特征，与背景岩石或地层有一定的色调、形状、阴影、纹理的差异，在遥感图像上显示特定的色调、纹理及几何形态组合，作为识别地质灾害的直接解译标志。而地质灾害造成地貌、植被、水系及景观生态等的异常突变，可以为地质灾害的判定提供间接解译标志。地质灾害遥感调查技术就是利用遥感信息源，以人机交互目视解译为主，计算机图像处理为辅，并将遥感解译成果与现场验证相结合，同时结合其他非遥感资料，综合分析，多方验证，最终判读圈定地质灾害孕育背景、规模及形态特征，并对目标区域内已发生的地质灾害点或隐患点进行系统全面调查，评价其可能的影响区域及对象，为地质灾害防治、监测及突发地质灾害救援等相关工作提供基础资料和决策依据。

2.7.2　技术特点

　　遥感监测山地灾害与依靠地学传感器地面监测不同，监测尺度主要以宏观尺度为主。对于个体的灾害点，需要利用高分遥感影像进行识别，并根据需要与地面调查相结合。

　　利用遥感技术监测山地灾害的优势在于：

　　（1）遥感调查技术从高空对大范围地区或个体地质灾害进行探测，能够获取区域或个体地质灾害的宏观全貌特征。

　　（2）遥感调查技术不受地面条件的限制，在自然环境条件恶劣的地区，比地面调查具有更高的安全性、可行性和工作效率。

　　（3）遥感调查技术时效性强，能快速对同一地区进行多时相数据采集，及时获取最新数据。利用多时相遥感调查，可以动态反映调查区地质灾害的动态变化情况，对地质灾害发展状况进行监测。

2.7.3　技术指标

　　依据采用的遥感图像的不同分辨率及地质灾害调查的尺度，从覆盖几个平方千米的巨型、大型古（老）滑坡，到暴雨引发覆盖十几平方米的坡面泥石流等规模不等的地质灾害，甚至几平方米范围的地面塌陷都可以利用地质灾害遥感调查技术识别出来，基本满足 1：10000 比例尺的地质灾害详细调查。

2.7.4　高分辨率地质灾害遥感调查

随着遥感技术的不断进步，滑坡遥感识别已由目视解译发展到能充分利用遥感图像的空间特征、光谱特征和时间特性的人机交互解译，即解译是在经过几何精纠正的数字图像上进行；在识别地物种类和判别其特性时，可随时进行图像处理，增强或改善相关信息以利于滑坡特征信息的提取，几何放大或缩小图像以利于滑坡标志的识别与解译，并可随时测得滑坡各部位的光谱特性及几何定位数据，进而探讨滑坡的形成机理和活动规律。

滑坡遥感识别是基于遥感图像、利用人机交互和目视解译方式来获取滑坡相关信息的技术方法，其原理是基于滑坡体与其背景地质体之间存在的色调、形状、阴影、纹理及图形的差异。在遥感图像上显示为特定的色调、纹理及几何形态组合，被称为滑坡识别的直接解译标志，而滑坡造成的地形地貌、植被、水系及景观生态等的异常突变，可以为滑坡的判定提供某种信息，则称为间接解译标志。大多数滑坡发生后，可以形成一些在遥感图像上能够明显被识别的影像特征：在形态上表现为圈椅状地形、双沟同源、坡体后部出现平台洼地，与周围河流阶地、构造平台或与风化差异平台不一致的大平台地形，"大肚子"斜坡、不正常河流弯道等；原地层的整体性被破坏，一般具有较强的挤压、扰动或松脱等现象，岩（土）体破碎，地表坑洼不平；滑坡体后部出现镜面、峭壁或陡峭地形等。具体到每个滑坡，其识别标志往往只有其中的几个。但是，远程滑坡经过长距离运移已面目全非，基本上不再具有上述影像特征。受空间分辨率所限，其他一些在滑坡现场常见的马刀树、醉汉林、擦痕和建筑物变形等滑坡的细微特征在中、低空间分辨率的遥感图像上表现不明显。因此，针对多数滑坡和特殊滑坡的一般遥感影像特征，提炼出滑坡的遥感识别标志，已成为滑坡遥感调查的基础工作。

2.7.5　高分辨率山地灾害遥感监测

高分辨率卫星数据在自然灾害灾情评估方面显示出绝对的优势。它可评估各种自然灾害，如地震、滑坡、崩塌、水灾等灾情。高分辨率的全色和多光谱数据经校正和融合处理后可提供自然彩色和彩色红外合成图像。这些全色、多光谱和彩色产品可进行图像分类和分析。不论是用于进行复杂的图像分析还是只将其作为背景图像，其丰富的信息都增加了各种应用的价值。用户可以用多光谱图像进行图像分类和分析，而用全色、真彩色和近红外彩色图像进行目视解译，或用于GIS 和制图的背景数据。特别是 GeoEye-1（全色影像分辨率 0.41m，多光谱影像分辨率 1.65m）、WorldView-2（多光谱波段地面分辨率为 1.84 m，全色波段达到 0.41 m）遥感数据及无人机高分辨率真彩色数据（空间分辨率可达 0.2m），因分辨率够高可直接用于地物的目视解译。灾害检测和灾后受损情况的评估常采用的是基于高分辨率、多时相影像数据的变化区域检测来获取。

基于遥感影像的变化检测就是从不同时间获取的遥感数据中，定量的分析和确定地表变化的特征和过程的技术，其实质是影像获取瞬间视场中地表特征随时间发生的变化而引起的两个时期影像像元光谱响应的变化。

利用遥感影像进行变化检测有多种方法，例如，人工目视解译灾前和灾后的地表情况，比较分析获得灾后损失评估结果。人工变化检测的方法精确高，但工作量大，比较费时。自动变化检测的方法如图像插值法，是较为直观实用的方法，其实质是一种基于像素的直接比较方法，这种方法的优点是检测速度快。其基本原理是首先计算不同时相图像对应像素灰度值或纹理特征值的差值，生成差值图像，接下来对差值图像选择合适的阈值找出差异较大的部分，以代表此期间地区陆地表面的变化，图像差值法可以应用于单一波段（称作单变量图像差分）图像，也可以应用于多波段（称作多变量图像差分）图像。其优点在于自动化程度高，不足在于提取的结果存在很多噪音，需要进一步的人工处理。

对于突发灾害，需要快速地在小范围内准确地查明灾区受损情况，包括灾害发生的范围、等级、受灾对象，特别是生命线工程破坏情况等，对症下药，确定快速有效的减灾救灾措施和决策。无论是人工变化检测方法，还是自动变化检测方法，只要能更好地服务于灾害监测和减灾救灾工作，那就是最佳的方法。

2.8　山地灾害预警

灾害预警：即灾害发生之前发出警报，从而减少或防止危害所造成的损失。

预测预警可理解为对未知区域或地段进行空间预测或对潜在危害点进行时间预报和预警，其目的是评价由于灾害发生带来的风险并对其进行管理。这是目前国内外开展减灾防灾研究和工作的重要内容（殷坤龙等，2007）。

2.8.1　预警体系与分类

山地灾害预警包括四方面内容：位置、时间、强度、损失（风险）。通常首要关注的是灾害的位置，其次是时间。在位置和时间未确定的情况下，更难以说强度和损失。

　　按预警区域大小，在空间上分为区域尺度和局域尺度。尺度一般根据比例尺确定，1∶5000 以上属于区域尺度，以下属于局域尺度，1∶2000 以下为场地尺度（Fell et al.，2008）（图 2-5）。

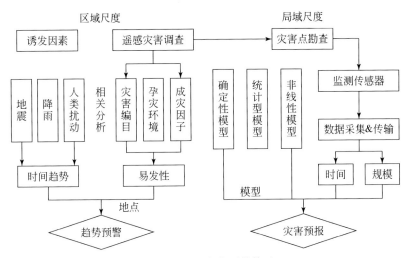

图 2-5　山地灾害预警体系

　　时间预报一般是指预报灾害发生的时间。在查明哪里可能发生山地灾害之后，人们首先面临的是需不需要治理，来不来得及治理以及如何治理的问题。对那些经济效益不大，或者虽然具有较好的经济效益但来不及治理的灾害，应预报其发生时间，以便及时采取疏散转移、搬迁躲避、停止交通等措施，把可能产生的损失减少到最低程度，这也是研究滑坡预报的最重要意义之一（杨永波、刘明贵，2005）。按预警时间的长短，可以分为长期、中短期和临灾预警。

　　对于区域尺度灾害预警，由于其灾害发生的可能性预测尚未达到期望，因此，目前很少有关于灾害强度和损失的预警（Tian et al.，2013）。而局域尺度的山地灾害，如单沟泥石流或滑坡，可以在详细的勘查工作的基础上，根据监测数据对灾害的发展趋势进行定量判断，从而可以预测其灾害时间与规模（Tian et al.，2012）。

2.8.2　局域尺度山地灾害预警

　　在场地尺度上，由于地点已经确定，因此可以根据岩土体的发展变化状况进行时间和强度预报，从预测模型上可以分为确定性模型、统计预报模型和非线性预报模型。

1）确定性模型

把有关滑坡及其环境的各类参数用测定的量予以数值化，用严格的推理方法，特别是数学、物理方法，进行精确分析，得出明确的预报判断。

2）统计预报模型

主要是运用现代数理统计的各种统计方法和理论模型，着重于对现有滑坡及其地质环境因素和其外界作用因素关系的宏观调查与统计，获得其统计规律，并用于拟合不同滑坡的位移-时间曲线，根据所建模型做外推进行预报。

3）非线性预报模型

引用了对处理复杂问题比较有效的非线性科学理论而提出的预报模型（许强等，2004）。

2.8.3 区域尺度山地灾害预警

对单个山地灾害如滑坡、泥石流而言，由于其涉及区域不大，地质调查工作量相对较小。但对于区域或以上级别（如省、国、全球级）的灾害编目，调查工作量非常大。如滑坡调查通常应考虑地形、地质背景、水文地质、滑坡活动历史记录、滑体或潜在滑体的工程地质表征、滑体或潜在滑体的滑动机制和规模、破裂面剪切机理和强度、稳定性评价、变形和运移距离评估等因素。显然，以人工逐项进行上述调查工作将需要极大的时间与经费。因此，伴随遥感技术在近 20 年的迅速发展，在区域尺度的灾害调查上，已经越来越依赖于遥感方法。

区域尺度山地灾害预警在详细分析孕灾环境特征以及成灾因子的特征的基础上，在 GIS 软件组织下运用空间预测模型得出灾害易发性分布，即进行空间预测。再利用具有短时性、动态性的灾害诱发因素对已存在或已经预测到空间范围的山地灾害进行时间趋势预警，从而达到区域尺度山地灾害空间位置与时间趋势的预警。

区域尺度的山地灾害预警模型一般分为两大类：定性方法和定量方法。

1）定性方法

该方法通常用一些描述性术语对山地灾害或潜在灾害进行描述，对操作人员的专业知识与经验有较强依赖性，主要通过地质类比法，对灾害进行趋势预测。

2）定量方法

定量方法主要采用数学（概率）方法建立地质、物理模型，或以详细的数据统计灾害与诱发因素之间的关系，并根据地质参数与时间场变化关系预报灾害的发生时间。

第3章　贫困与山地灾害

在第 1 章中，已经提到过贫困与自然灾害具有一定程度的相关性，具体到山地灾害与贫困之间的关系更为紧密。

3.1　山地灾害致使贫困的方式与表现

1）山地灾害导致农村贫困率的上升

山地灾害发生后，常常会破坏公路、铁路等交通线路，堵塞河流，毁坏房屋，掩埋农田和林地，更严重的会直接造成大量的人员伤亡。山地灾害不但带来直接的经济损失，甚至会导致农业、畜牧业、渔业等贫困山区支柱产业的经济效益降低和农业生产、生活体系的崩溃，进而带来更多人的贫困或贫困程度的加剧。

由全国山地灾害分布图（图 3-1）和全国连片贫困地区（图 3-2）范围上可以

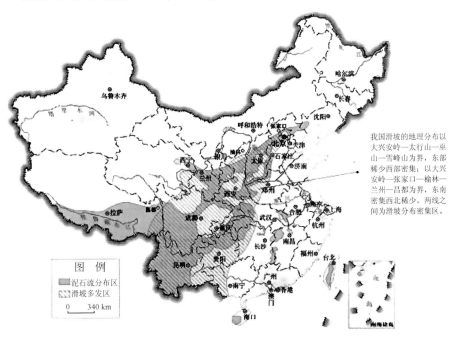

图 3-1　全国山地灾害分布范围示意图

看出，除了大兴安岭、西藏自治区全区、青海省、新疆西南部等缺乏灾害资料地区之外，此二者具有很大的重合性。

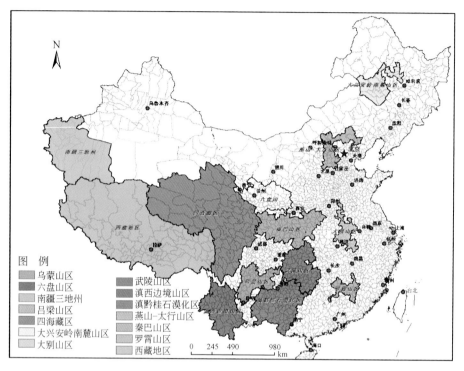

图 3-2　全国连片贫困地区分布示意图

山地灾害暴发的突然性和猛烈程度，导致因灾损失巨大（图3-3）。对于图3-1、图3-2 中的灾害易发区和贫困地区，可以看到山地灾害对贫困地区带来的巨大损失（图3-4）。

2）山地灾害使农村返贫现象严重

随着国家"八七"扶贫攻坚计划，世界银行"秦巴"扶贫项目和"西南"扶贫项目的实施，一部分农户已相继脱贫，但是，一遇自然灾害，农业生产遭受损失，农民收入大幅度减少，返贫现象十分严重。

3）山地灾害造成农村贫困地区基本建设落后，文化、卫生、教育水平差，人力资源素质低下

瑞典学家冈纳·缪尔达尔用系统论的方法研究欠发达国家或地区贫困问题，提出了"循环积累因果关系"（冈纳·缪尔达尔，1991）。他认为在欠发达地区，由于人均收入低，导致人民生活水平低下，营养不良、医疗卫生状况恶化，健康

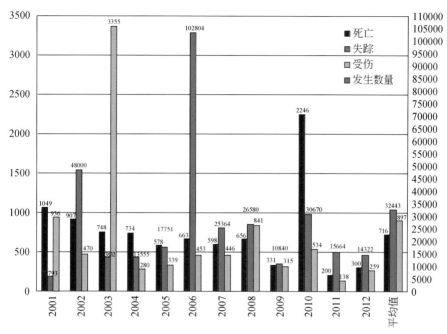

图 3-3 2001～2012 年我国山地灾害（崩塌、滑坡、泥石流等）所造成的
损失（根据国土资源部地质灾害年报资料统计）

受损，教育水平低下，从而使人口质量下降，劳动力素质不高，就业困难；另一
方面，劳动力素质不高导致劳动生产率难以提高，从而引起产出增长停滞或下降，
最终低产出导致低收入，低收入进一步强化经济贫困，使欠发达地区总是陷入贫
困的累积循环陷阱中。

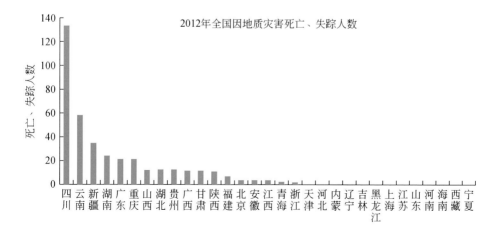

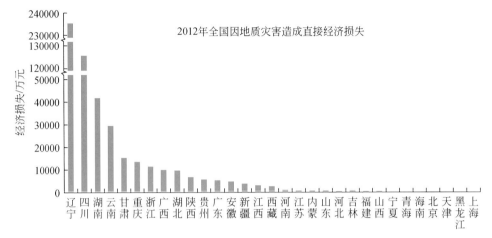

图 3-4　地质灾害（主要为山地灾害）所造成损失

全国地质灾害通报，2012 年

4）山地灾害频繁发生制约着农村经济的健康发展

农业是农村地区的主导产业，自然灾害使农作物减产甚至绝产，给农户家庭带来财产损失，对农业及农户经济造成严重打击（谢永刚等，2007）。自然灾害频发以及由此带来的一系列的灾害效应，极大地增加了农村贫困地区的脆弱性；自然灾害导致了直接经济损失和人员伤亡，另外使农户长期积累短期内大量流失或破坏，使非贫困农户陷入贫困。自然灾害易造成灾区物价大幅上升，生活资料短缺、生产资料供应紧张，灾后农村贫困地区社会福利水平下降。救灾、减灾机制不健全，大大降低了农户对灾害风险的抵抗能力和恢复能力。

3.2　山地灾害致使贫困风险

山地灾害通常可以造成人员伤亡、房屋建筑的损毁、室内财产损失、掩埋耕地、阻断道路等基础设施等灾害风险，上述风险如果作用于贫困边缘人口，则会造成各种生计资本的损失（李小云等，2011）。各种直接损失和间接损失则会造成脱贫人口的返贫或贫困人口的贫困加深，从而由灾害风险演化至贫困风险（图 3-5）。

上述概念中，贫困边缘人口定义为贫困脆弱性指标较高，相对更容易陷入贫困或脱贫后容易返贫的人口。"贫困脆弱性（Vulnerability，也有译为易损性）"来自于世界银行定义，即：个人或家庭由于遭受风险而导致财富损失或福利水平下降到某一社会公认的水平之下的可能性。一般贫困脆弱性由暴露性指标和抵御能

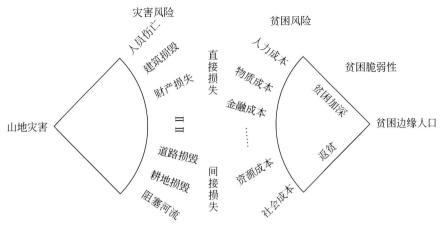

图 3-5　山地灾害风险致使贫困风险

力指标组成。

因此，这里定义山地灾害致使贫困风险为：使贫困边缘人口陷入贫困或已脱贫人口重新陷入贫困的可能性。后续章节中将以研究示范区为例，进行山地灾害致使贫困风险的分析。

3.3　贫困对山地灾害的反馈——加剧山地灾害

山地灾害造成或加剧贫困已经得到了公认，但因贫困导致山地灾害加剧尚未得到研究人员的重视。

受生态环境的制约，农村贫困地区倾向于牺牲生态环境或忽略了对生态环境的可持续性来发展经济，导致脆弱的生态环境进一步恶化，而生态环境的恶化如水土流失、土地沙漠化和荒漠化、生物多样性的锐减等，增加了包括山地灾害在内的自然灾害发生的风险性，也增加了农村贫困地区人口对自然灾害的敏感性；另一方面，自然灾害频发加剧了农村贫困地区生态环境的恶化，破坏了经济发展的基础，形成自然灾害与农村贫困的恶性循环。

从我国地质灾害的历史数据上可以发现，在 20 世纪 80 年代以前，我国的贫困地区的地质灾害尚未达到如此严重的地步，重要原因之一就是许多地区，特别是广大山区尚未进行大规模开发，如高速公路、铁路、水电工程的修建等，自然、生态环境处于良性的平衡之中。但自 1980 年以来，我国自然灾害频发，而且有进一步恶化的趋势（何红梅等，2011），国务院扶贫办副主任王国良 2006 年 7 月 4 日在"灾害救助能力建设国际研讨会"上发言时称："中国农村每年因灾返贫的人数超过 1000 万"。同时因灾致贫的情况也非常严重，由此导致的贫困及返贫现象，不能不说是发展当中的缺陷与不足之处。

由上可见，不仅山地灾害会造成贫困，贫困也会对山地灾害产生反馈，导致山地灾害的加剧，二者之间存在交互与反馈。

第4章 武陵山区及其山地灾害与贫困

4.1 基本情况

武陵山区位于重庆、湖南、贵州、湖北四省交界之地（东经108°00′~110°00′，北纬27°00′~30°00′），面积约$11×10^4km^2$。行政区划上，武陵山区分别属于重庆市的黔江区、湖北省的恩施州、湖南省的湘西土家族苗族自治州（简称湘西州）、湖南省张家界市，贵州的铜仁地区，68个区市县（表4-1、图4-1）。总人口为2300多万人，其中，土家族、苗族、侗族等30多个少数民族1100多万人，约占总人口的48%。

表4-1 武陵山区集中连片特殊困难地区各县名单

省（县数量）	市、地区、州（县数量）	县、区
湖北（11）	宜昌市（3）	秭归县、长阳土家族自治县、五峰土家族自治县
	恩施土家族苗族自治州（8）	恩施市、利川市、建始县、巴东县、宣恩县、咸丰县、来凤县、鹤峰县
湖南（35）	邵阳市（8）	新邵县、邵阳县、隆回县、洞口县、绥宁县、新宁县、城步苗族自治县、武冈市
	常德市（1）	石门县
	张家界市（2）	慈利县、桑植县
	益阳市（1）	安化县
	怀化市（12）	怀化市市辖区、洪江市、中方县、沅陵县、辰溪县、溆浦县、会同县、麻阳苗族自治县、新晃侗族自治县、芷江侗族自治县、靖州苗族侗族自治县、通道侗族自治县
	娄底市（3）	冷水江市、新化县、涟源市
	湘西土家族苗族自治州（8）	吉首市、泸溪县、凤凰县、保靖县、古丈县、永顺县、龙山县、花垣县

省（县数量）	市、地区、州（县数量）	县、区
重庆（7）	重庆市（7）	丰都县、石柱土家族自治县、秀山土家族苗族自治县、酉阳土家族苗族自治县、彭水苗族土家族自治县、黔江区、武隆县
贵州（15）	遵义市（5）	正安县、道真仡佬族苗族自治县、务川仡佬族苗族自治县、凤冈县、湄潭县
	铜仁地区（10）	铜仁市、江口县、玉屏侗族自治县、石阡县、思南县、印江土家族苗族自治县、德江县、沿河土家族自治县、松桃苗族自治县、万山特区

武陵山区属于革命老区、少数民族为主的多民族聚居区、边远地区和贫穷地区，是中国区域经济的分水岭和西部大开发的最前沿，也是国家重点扶持的 18 个集中连片贫困地区之一。武陵山区是东部发达地区、集约农业区与西南落后地区、粗放林牧业区的过渡地带，处于承东启西，东靠西移的战略地位，是连接中原与西南的重要纽带。武陵山区还是乌江、清江、澧水、沅江乃至长江的生态屏障。国家实施西部大开发，更加强化了它的战略地位。

4.1.1　地质、地貌

武陵山区是我国三大地形阶梯中的第一级阶梯向第二级阶梯的过渡带，是云贵高原的东部延伸地带，境内山峦起伏，地势陡峻，河谷深切，溪沟纵横。

与武陵山区同名的武陵山脉贯穿黔东、湘西、鄂西、渝东南地区，主脉自贵州中部呈东北-西南走向，是乌江、沅水、澧水的分水岭，面积约 10 万 km²，山系呈北东向延伸，弧顶突向北西。海拔最高为贵州省江口县凤凰山，海拔 2572m；平均海拔在 1000m 左右，峰顶保持着一定平坦面，山体形态呈现出顶平，坡陡，谷深的特点，海拔在 800m 以上的地方占全境约 70%（图 4-2）。

武陵山脉山原土地地貌发育自北向南分为 3 支。

北支：分布于湘、川、鄂边境的八面山、八大公山、青龙山、东山峰、壶瓶山、太清山等；

中支：沿澧水干流北侧，有天星山、红星山、朝天山、张家界、白云山等；

南支：从贵州省境延伸过来，进入湖南省有腊尔山、羊峰山、天门山、大龙山、六台山等，为武陵山脉的主脉，是澧水与沅水的分水岭。

上述三支山脉均消失于洞庭湖平原。武陵山脉纵贯湖南省西部，成为东西交

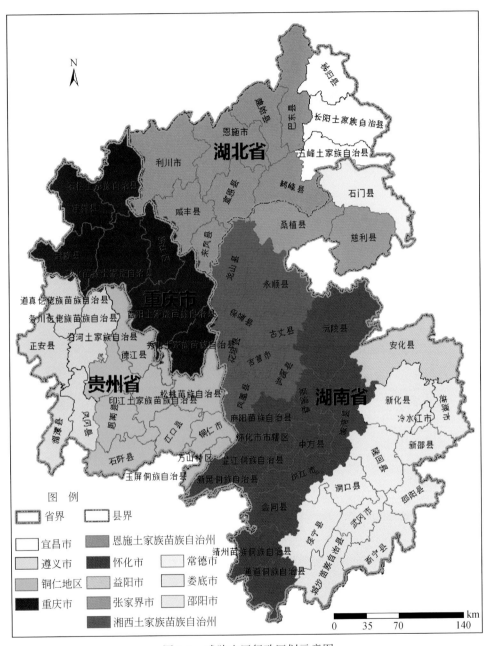

图 4-1　武陵山区行政区划示意图

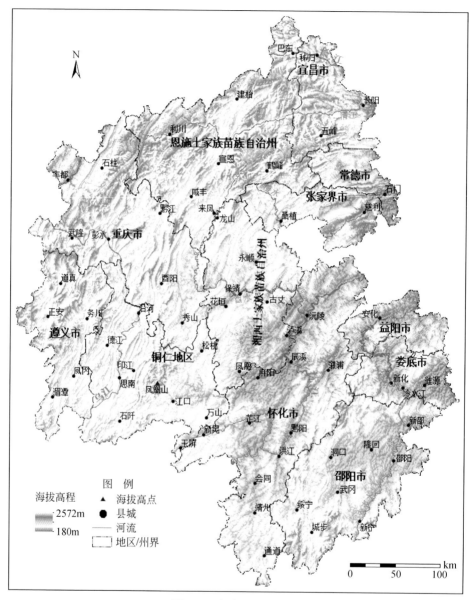

图 4-2　武陵山区地势图

通的屏障,但局部地段有较低的山隘,如洞口等地,构成东西交通的通道。

从地质构造上来讲,武陵山区地处中国新华夏系第三隆起带,属于褶皱隆地带,褶皱多呈箱状,少数为梳状,呈雁行状排列。

武陵山区地层较完整,包含了从元古代、寒武系、奥陶系、志留系、泥盆系、石炭系、二叠系、三叠系、侏罗系、白垩系、古近系、新近系的地层，地表主要由砂岩、石灰岩组成，次为古老的板岩、千枚岩、石英砂岩及砂页岩（图4-3）。

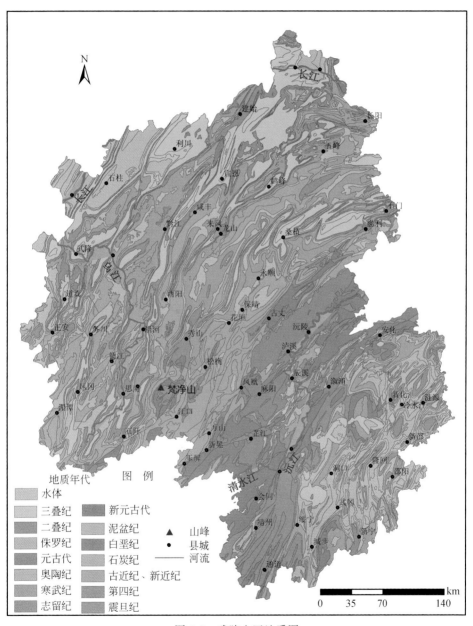

图 4-3 武陵山区地质图

4.1.2　气候

该地区气候属亚热带向暖温带过渡类型，平均温度在 13℃ 和 16℃ 之间，年降水量为 1100 ~ 1600mm，无霜期为 280 天左右。年日照时数为 1240 ~ 1670h，1 月平均气温 4.0 ~ 5.3℃，7 月平均气温为 26.5 ~ 28.9℃。

4.1.3　水文

本区域有大小溪流数千条，主要水系有长江、清江、沅水、澧水、酉水、辰水、娄水、谍水、舞水等，河网水系比较发达、水能资源蕴藏量大。据调查，仅恩施州的清江流域水能理论蕴藏量即有 $4100×10^4kW$，可开发量约达 $3230×10^4kW$。

4.1.4　构造活动与地震

武陵山区在大地构造上属于扬子准地台的一部分，扬子准地台是一个比较稳定的前寒武纪地台。

构造方向总体呈北东-南西方向。从历史上看，武陵山区地质构造活动较弱，板块较为稳定，地震较少，强震不多，震级多在 5 级以下，最高为 1856 年发生的湖北省咸丰县小南海的 Ms_6 级（图4-4）。历史和现代强震多与两组断裂的交汇构造条件有联系，例如咸丰大路坝 6 级地震（丁忠孝等，1981）等。近期地震多以小型地震为主，集中于三峡大坝上游，与大坝蓄水导致的应力集中有一定关系（宋金等，2014，李愿军等，2005）。

4.1.5　土地与矿产资源

武陵山区土地资源丰富。内有 2572.01 万亩[①]荒地，绝大部分可以充分利用，其中宜园荒地有 190.87 万亩，宜林荒地有 924.40 万亩，宜牧荒地有 938.90 万亩。

武陵山区矿产资源品种多样，锰、锑、汞、石膏、铝等矿产储量居全国前列。古丈、泸溪和湘鄂磷矿 B+C+D 级探明储量分别为 $50×10^8t$ 和 $11.77×10^8t$，是我国和亚洲著名的大型磷矿；湘西花垣、铜仁松桃、黔江秀山锰矿 B+C+D 级储量分别达 $3682×10^4t$、$5586×10^4t$、$2400×10^4t$，是我国的锰矿"金三角区"，居世界第 2 位；花垣铅锌矿 B+C+D 级探明储量 $1260×10^4t$，居全国第 3 位，规模开发可利用数十年至逾百年；湘西汞矿 B+C+D 级探明储量 $7038×10^4t$，远景储量 1 亿 t，位居全国第 4 位；天然气储量 $50.33×10^8m^3$，拥有世界上最大的富硒资源区。此外还有

---

① 1 亩 ≈ 666.67m²。

一定储量的黄金、铜、煤、石油等（王兆峰，2001）。

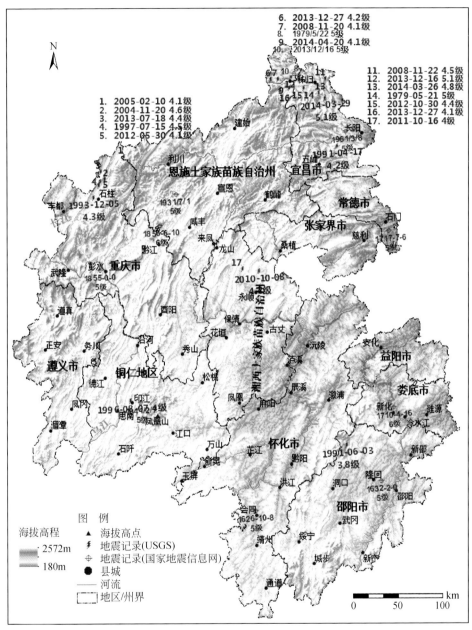

图 4-4　武陵山区历史地震分布图

(由中国地震信息网、USGS 数据合成)

4.2　山　地　灾　害

由于武陵山区地处我国第二阶梯至第三阶梯的过渡地带，地形多变，山地灾害广泛分布于区内。

4.2.1　山地灾害特点

武陵山区在20世纪90年代时，其水土流失是20世纪50年代的2倍（杨胜刚、潘佑堂，1994），地质环境随着经济开发强度的加大而不断恶化。近年来，武陵山区的山地灾害已经严重影响到了本区域的和谐发展。

总体而言，武陵山区山地灾害具有如下特点。

1）灾害多样且高发、易发

其中，常见的山地灾害有山洪、泥石流、塌方、地陷等。据统计，近年来武陵山区山地灾害共有5631处。其中滑坡共4346处，占灾害总数的77.2%；崩塌1147处，占19.6%；泥石流138处，占2.5%（图4-5）。按省统计，则贵州省最多，共2086处；湖南省次之，共1929处；湖北省有1031处；重庆市辖区武陵山区面积最小，灾害数量也最少，有585处（表4-2）。按地州统计，贵州省遵义市灾害最多，其次是湖南省怀化市（图4-6）。

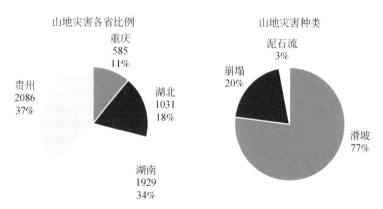

图4-5　武陵山区山地灾害统计

表4-2　武陵山区山地灾害数量

行政区划		灾种				备注
省市	地市州	滑坡	崩塌	泥石流	合计	
重庆		511	65	9	585	缺石柱县

续表

行政区划		灾种				备注
省市	地市州	滑坡	崩塌	泥石流	合计	
湖北	恩施	274	47	2	323	合计：1031
	宜昌	485	213	10	708	
湖南	湘西	526	43	14	583	合计：2043，缺慈利县
	邵阳	92	2	20	114	
	张家界	389	84	5	478	
	常德	59	3	3	65	
	怀化	731	51	21	803	
贵州	铜仁	116	231	74	421	合计：2086
	遵义	1255	410		1665	
累计		4716	1182	136	6034	

注：依据各地区政府公开灾害规划资料统计。

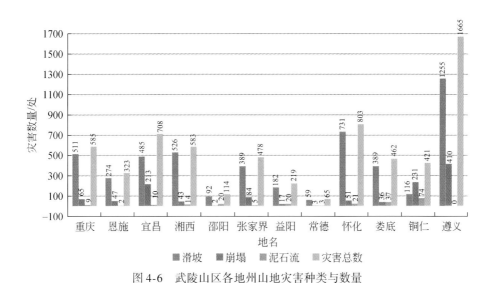

图 4-6　武陵山区各地州山地灾害种类与数量

2）武陵山区集中连片少数民族困难社区灾害发生后的影响具有广泛性和深度性

一方面，严重灾害的波及面较广。武陵山区全区共有灾害 5600 余处，山洪、崩塌、滑坡、泥石流等山地灾害灾种齐全，除遵义未统计到泥石流灾害外，其他各地区（州）均有崩塌、滑坡、泥石流灾害的发生，对本区域贫困人口的生产、生活等造成巨大的影响。另一方面，严重灾害的损失度较重，多数山地灾害发生后，直接摧毁公路、铁路、房屋、耕地等，间接造成灾害区域的经济潜力下降，使得贫困人口的生计困难；而且多数灾害具有复发性和相互诱发的特点，造成贫困地区的灾后恢复困难，带来长期的影响。

4.2.2　成灾模式与机理

根据研究区灾害的特点，将武陵山区山地灾害的成灾模式归纳为以几种。

4.2.2.1　堆积层降雨灾害

1) 土质堆积层降雨滑坡、泥石流

在三峡库区和武陵山区北部，存在以侏罗系的沙溪庙组（J_2S）和遂宁组（J_3S）红层为主的易滑地层。岩性为一套紫红色砂岩、灰白色长石石英砂岩夹紫红色泥质粉砂岩、粉砂质泥岩和泥岩等，厚度较大。该类型的滑坡占总滑坡数量的85%～90%以上。

滑坡特点：

（1）其外形多呈扁平的簸箕形；

（2）斜坡上有错距不大的台阶，上部滑壁明显，有封闭洼地，下部则常见隆起；

（3）滑坡体上有弧形裂缝，并随滑坡的发展而逐渐增多；

（4）滑动面的形状在均质土中常呈圆筒面，而在非均质土中则多呈一个或几个相连的平面；

（5）在滑坡体两侧和滑动面上常出现裂缝，其方向与滑动方向一致，在黏性土层中，由于滑动时剧烈的摩擦，滑动面光滑如镜，并有明显的擦痕，呈一明一暗的条纹；

（6）在黏土夹碎石层中，滑动面粗糙不平，擦痕尤为明显；

（7）滑坡体上树木歪斜，成为醉汉林。

由于此类土体结构松散，透水性一般较好，黏聚力和结合力一般较低，特别是降水大量入渗后，土体变为塑性，抗剪强度显著降低，土体比重明显增大，上部饱水的疏松土层与下部较密实土层间或下部基岩为相对隔水层时，接触界面容易形成饱水软土滑腻带（面），摩擦力和黏聚力大为降低，上部土体很容易沿此接触面（带）发生滑动。因此，山丘区斜坡上很易发生土质滑坡。而此类滑坡规模以中小型为主。

　　根据肖威、陈剑等对 1950 ~ 2006 年滑坡与降雨资料的分析，恩施及三峡地区 5 ~ 8 月期间滑坡活动较多，7 月份滑坡频次最多（陈剑等，2005，肖威等，2012）。该地区滑坡可分为暴雨型滑坡和久雨型滑坡两种。

　　2）暴雨型滑坡

　　该类滑坡占降雨型滑坡总数的 54%。根据降雨与灾害记录分析有以下规律（马占山等，2005）：

　　（1）灾害发生的当日和前 5d 中，出现 2d 或以上日降水量在 50mm 以上的暴雨；

　　（2）前 6d 中出现 1d 降水量在 50mm 以上的暴雨，且其他 10d 的降水累计量在 35mm 以上。

　　统计结果为：在 602 个滑坡个例中，当日和前 5d 降水出现暴雨的次数为 265 次，占到总滑坡次数的 44.02%，其中第一种情况为 85 次，第二种情况为 109 次。这样暴雨诱发型的滑坡共为 194 次，占到总滑坡次数的 38.87%。

　　3）久雨型滑坡

　　久雨型滑坡不仅与当日降雨量有关，还与前期降雨量有关。山地灾害发生当日和前 5d 未出现>50mm 降水的滑坡共 337 次，在这 337 次滑坡中，当日和前 10d 内出现>4d 的中大雨共 205 次，占总滑坡次数的 34.05%。利用逐步回归方法计算其相关系数，表明滑坡与前 5d 的有效降雨量相关性最高。

　　4）残坡积山坡型泥石流

　　实验表明，当土体含水量达到一定程度时，土体的抗剪强度随着含水量的增加而急剧降低。这说明，斜坡土体在暴雨激发下可以产生渗透液化，导致不可逆的剪切运动。假设斜面的坡度为 α，重量为 G 的土体（图 4-7），沿着斜面有切向分力（F）和法向分力 σ_n 在垂直应力下被土壤骨架支持的应力称为有效应力（σ），被孔隙水支持的应力称为孔隙压力（P_{we}），在忽略孔隙气体作用的条件下，总应力减去孔隙压力等于有效应力，即：

$$\sigma = \sigma_n - P_{we}$$

　　当土体含水量超过饱和含水量时，部分重力自由水留存于土中。暴雨来时，因排水不畅，应排出的水不能排出，而水又是不可压缩的，所以孔隙水必然承受由于孔隙度的减少而产生的挤压力。同时，原来疏松的颗粒，当大量水渗入后开始悬浮，以至于骨架压力转化为剩余孔隙压力。此时垂直于剪切面上的有效应力（σ）由于孔隙压力的增加而减小，当 $\delta_n = P_{we}$ 时，有效应力趋向于零，土体的抗剪强度接近最小值，土体在重力作用下开始失稳：

$$\tau = C + (\sigma_n - P_{we}) \tan \varphi$$

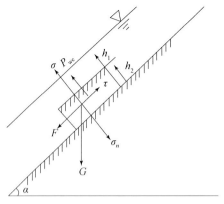

图 4-7　斜坡土体重力和水动力作用示意图

式中，γ_s——土体容重；γ_0——水的比重；h_2——盖层下土层深度；h_1——盖层上水层厚度。

斜面上土体稳定性主要受土体的自重剪应力和抗剪强度的控制。斜坡土层的稳定状态主要受斜坡坡度、土层本身的性质和水动力条件等因素控制。一般地，当土体的容积含水量接近总孔隙度的持水量时所产生的抗剪强度最大，超过这一含水量值后，强度就下降，相应地剪切破坏就将开始。也就是说，当斜坡条件满足上式时，山坡型泥石流灾害就有可能产生，此时松散岩土体的抗剪强度接近于残余强度或更低。可见，在降雨条件下，对于某一特定的斜坡，降雨强度成为影响斜坡表层土体稳定的控制性因素（张永双等，2003）。

5）暴雨坡面型泥石流

暴雨坡面型泥石流的形成机理分析表明，暴雨坡面型泥石流是由于暴雨入渗、孔隙水压力升高而造成土体抗剪强度降低所致。随着孔隙水压力的进一步增加，基岩面附近局部土体出现剪胀，土体孔隙比增大，孔隙水压力降低；随着暴雨及地表径流的入渗，剪胀土体中的孔隙水压力恢复并增加，剪胀土体发生剪胀破坏，斜坡土体由剪胀破坏而出现张、剪裂隙，并使土体中原有的垂直裂隙、孔穴等扩大、扩展。当入渗雨量足以使剪胀或剪胀破坏土体中孔隙水压力恢复时，斜坡土体继续变形。暴雨入渗使裂隙饱水，裂隙中的水分进一步向破坏土体快速入渗，土体剪胀破坏区扩展；随着土体应变的进一步增大，土体开始出现应变软化。在应变软化过程中，破坏土体中孔隙水压力增加，甚至部分土体出现液化现象，致使土体中剪应力集中并转移到相邻未破坏土体，使其所受剪应力增加并超过其抗剪强度而破坏。破坏的进一步扩展造成破坏面贯通，土体从源地滑出，在高陡斜坡形成的巨大势能和暴雨形成的地表径流作用下，饱水的滑动土体剧烈碰撞、剥离而解体，以碎屑流形式顺坡倾泻，产生的巨大冲击力直接冲毁斜坡中部的房屋，并造成人员伤亡。

4.2.2.2　大型顺层岩质滑坡

岩质滑坡主要发生在三叠系、白垩系、志留系、泥盆系、二叠系、侏罗系与奥陶系等地层中，其中发生在三叠系、二叠系与志留系等地层中的滑坡分别为649，200，145 处，分别占滑坡的 51.1%，15.7%，11.4%。这些地层不仅发生滑坡数量多，而且规模大，所产生的灾害损失也大，如恩施州的杨家山滑坡、宝扎滑坡等。

大型基岩顺层滑坡主要发生在含有软弱面或软弱层（带）的层状岩层中。软弱岩包括强度较低的泥岩、页岩及其层面、含煤岩层等。侏罗系与中上三叠统岩层在库区广泛分布，约90%的崩滑发生在此类岩层中。侏罗系遂宁组、蓬莱镇组、珍珠冲组和中三叠巴东组、须家河组地层变形破坏相对较大，巨型、大型滑坡较多（李守定等，2007）。

大型基岩顺层滑坡滑带主要发育在软弱岩层与硬岩的交界处，薄层软弱岩层中。发育滑带的岩层常见层间剪切现象，甚至发生泥化。

4.2.2.3　人类工程活动诱发滑坡、泥石流

1）开挖边坡

在矿产资源开发、水利水电工程、交通道路工程及房屋建设等人类社会建设活动中，经常要改变原有的地形，进行开挖切坡，造成对原有斜坡形态的破坏，使其处于不稳定的状态，容易发生灾害。1975 年 7 月，枝柳铁路永顺县施溶溪车站，因切坡开挖达 30m，形成大面积的滑坡，这是一起典型的因工程开挖造成的滑坡事件。武陵山区的山区居民，住房往往依山而立，或建在三面高坡中间平地的"圈椅状"的山脚下，如果不具备这样的条件，便开挖后山斜坡，切割形成"围椅状"，使山体三面垂直临空，在频繁的降雨条件下，山体会沿着软弱夹层面变形滑动或沿解理面、裂隙开裂，从而形成滑坡或崩塌等山地灾害（刘永建，2007）。

2）矿山开采

武陵山区含有丰富的矿产资源。20 世纪 90 年代以来，在政府主导的发展经济目标下，对矿产资源的开发力度不断加大，特别是在近年来，出现了大量的乡村集体、个体采矿场，这些开采工程对地表的破坏大。在露天采矿厂，因开挖造成高陡的斜坡，易发生滑坡等地质灾害。而开采后废石、尾砂及炉渣大量的堆积，

为滑坡、崩塌和泥石流等地质灾害提供了物质来源。1998 年 1 月 15 日，发生在吉首市区人民中路的滑坡，由于露天采石场大量采石，形成一个高达 30m 的直立陡壁，岩层向外倾斜，构成典型的同坡向陡倾斜层状结构岩石边坡，层面间夹泥质物，采空后形成高陡的临空面，在长期的岩体自重作用下沿层面发生滑动，规模达到了 $27 \times 10^4 m^3$。

3）水利工程建设

由于武陵山区丰富的水力资源，本区的水电资源已经形成梯级开发，兴建了很多水利水电工程，对当地的自然环境造成不同的影响。库岸的坡体，在库水位周期升降下，岩土体容易软化，在降水等其他因素的影响下，易发生滑坡、崩塌等地质灾害。

以三峡工程为例，自 2003 年库区蓄水以来，历经库水位 135m，156m，172m，175m 等蓄水阶段，蓄水或与降雨联合作用诱发滑坡变形 151 个，其中，2003 年 7 月 13 日秭归县沙镇溪青干河的千将坪滑坡在 135m 水位蓄水 1 个月后整体高速下滑。水库蓄水及运行成为三峡库区涉水滑坡的主要和重要诱发因素（肖诗荣等，2013）。

由水利工程所造成的山地灾害主要有三种模式：水库蓄水与强降雨、水位的升降及水库诱发地震从而造成滑坡等三种成灾方式（张楠、许模，2011）。

（1）水库蓄水以及强降雨后由于水岩相互作用而造成岩土体的强度软化效应和悬浮减重效应而可能改变滑坡体的稳定性态。

其中最重要的是软化、泥化、潜蚀，空隙水压力或悬浮减重，以及动水压力作用。软化、泥化的作用是显而易见的。对于天然状态下处于非饱和带的岩土体，蓄水后在浸泡条件下，松散黏性土强度降低归结于负孔隙压力（吸附力）的消失，砂性土强度降低归结于颗粒间润滑作用的增强，而岩石强度的降低则归结于颗粒间润滑作用的增强以及岩石矿物成分力学性质的降低。实验得出，黄土饱水后的 C 值只有干燥状态下的 20%～50%；一般黏性土饱和 C 值只有非饱和 c 值的 40%～60%；完整岩石在水的长期淹没下，坚硬结晶岩的强度降低 10% 以下，低强度的泥质岩类的强度降低 30% 以上，有的达到 40%～50%；此外，通过实验还发现，岩（土）体在长期浸润条件下，内聚力降幅一般较大，对水的敏感性强，而内摩擦角相对降幅较小，对水的敏感性也小。

悬浮减重和动水压力对岸坡稳定性的影响，则是比较复杂的。岸坡部分淹没引起的浮力作用，当库水开始蓄水时，岸坡尤其对于处于水库两侧的滑坡体，其下部首先被淹没，淹没部分就会产生浮力作用，这种浮力作用抵抗滑坡体的重量，使得坡脚部分的有效重量减少，造成整个滑坡体的抵抗力变小、稳定性降低。特是滑动面的下部比较平缓时，滑坡体淹没深度即使不多，但由于滑动面受到浮力作用的面积比较大，对坡体稳定性的影响也会相当大的。

（2）库水位的骤然变化（升降）产生动水压力可能诱发滑坡体的变形与破坏。

库内水位骤降产生的坡体稳定性的降低主要是坡体内的渗透水压力。当水库水位长期保持在一个稳定水面后再急剧下降时，存在于库岸边坡中的地下水水位下降有一定的滞后，在这期间地下水位要高于水库蓄水前（自然条件下）的地下水位，此时在边坡中就产生渗透水压力即渗透体积力，且其方向是指向坡外的，这将造成边坡稳定性降低，容易诱发库岸滑坡。这种渗透水压力效应在松散介质中表现得并不十分明显，而在库岸边坡透水性小的时候，这种影响就十分明显。

（3）大型水库的蓄水可能会诱发地震，而地震可能触发滑坡的变形和破坏。此效应可参考地震对滑坡的诱发作用。

4）过度开垦与乱砍滥伐

武陵山区大部分是山区，贫困人口多，为了发展经济摆脱贫困，在不少的山区，出现大量的砍伐森林、开荒造地的现象，忽略了植被能够降低雨水对土壤的侵蚀，减少水土流失发生的事实。以湖南省怀化市为例，20 世纪 50 年代，森林的覆盖率在 80% 以上，生态环境好，由于人口的增多，各种工程的建设，自然植被遭到了破坏，20 世纪 80 年代，山林承包，毁林开荒与乱砍滥伐的增多，使人均林木蓄积量从解放初的 $60m^3$ 下降到不足 $8m^3$，大面积的水土流失也就不可避免。虽然不断进行治理，但 1994 年水土流失面积仍有 $7205.45km^2$，占全市土地总面积的 26.1%，年侵蚀总量达到了 $2788.5 \times 10^4 t$。

4.2.2.4　多因素综合成因

从整个武陵山区来看，许多地质灾害的发生都是受自然因素和人文因素的共同作用，多种影响因素的叠加，互相增强与相互促进，导致地质灾害的发生。这在滑坡、崩塌、泥石流等灾害中较为常见。较多是开挖切坡、砍伐树木、大量堆积矿渣、修建水利工程等人类社会一系列的活动，造成许多地质灾害隐患点，在连续降水或特大暴雨的影响下，突然发生地质灾害的可能性极大。

1）各灾种间关联性

各种地质灾害的发生，都不是单一因素造成的，而是由于在众多影响因素共同作用下，诱发而发展形成的。不同类型的地质灾害在形成因素和时空分布之间存在相关性，它们相互影响，构成相互叠加的关系。

2）多灾种的联动性

崩塌、滑坡、泥石流、山洪这些山地灾害，相互之间有区别，但它们之间有着无法分割的联系，常常同时放生，或由一种灾害转化为另外一种灾害，使得危害在时空上延展。

灾害之间的两两关联较为常见，如崩塌和滑坡在一定条件下，可以互相诱发、互相转化，崩塌体击落在老滑坡体或松散不稳定堆积体上部，在崩塌的重力冲击下，有时可使老滑坡复活或产生新滑坡；一个地方长期不断地发生崩塌，其积累的大量崩塌堆积体在一定条件下可生成滑坡；有时崩塌在运动过程中直接转化为滑坡运动，且这种转化是比较常见。有时岩土体的重力运动形式介于崩塌式运动和滑坡式运动之间，以至人们无法区别是崩塌还是滑坡，因此常称此种灾害为滑坡式崩塌，或崩塌型滑坡。

滑坡在向下滑动过程中若地形突然变陡，滑体就会由滑动转为坠落，即滑坡转化为崩塌。有时，由于滑坡后缘产生了许多裂缝，因而滑坡发生后其高陡的后壁会不断地发生崩塌。滑坡、崩塌与泥石流的关系也十分密切，易发生滑坡、崩塌的区域也易发生泥石流，崩塌和滑坡的物质经常是泥石流的重要固体物质来源。滑坡、崩塌还常常在运动过程中直接转化为泥石流，或者滑坡、崩塌发生一段时间后，其堆积物在一定的水源条件下生成泥石流，即泥石流是滑坡和崩塌的次生灾害。

泥石流与滑坡、崩塌有着许多相同的促发因素，如流域内大面积的强降水。在页岩、泥灰岩、石灰岩的分布区，由于这些岩石的结构疏松，极易风化，造成滑坡、崩塌、泥石流等地质灾害的可能性极大。大面积降水是山地灾害发生的催化剂，可以导致滑坡、崩塌、泥石流、水土流失等灾害的发生，引发山洪；而大量的水土流失可能导致滑坡、崩塌、泥石流等灾害的发生，滑坡、崩塌又可以为泥石流的形成提供大量的物质来源，如1995年5月30日，发生在湖南保靖县普戒乡黑绪洞的泥石流，是由于暴雨引发大面积的滑坡和崩塌，而滑坡和崩塌又为泥石流提供了丰富的物质来源，最终酿成了规模达到 $150 \times 10^4 \mathrm{m}^3$ 的特大型泥石流。

4.2.3　山地灾害诱发因素

没有外因因素诱发而天然形成的山地灾害只是极少数，正如上节所分析，多数山地灾害有着各种外界因素的诱发，常见的诱发因素如降雨、地震、人为活动等，武陵山区由于近年来地震活动较弱，震级较低，此处未列入。

4.2.3.1　暴雨

暴雨是恩施市滑坡、崩塌地质灾害的主要诱发因素之一。全市有70.8%的地质灾害发生在雨量大强度高的6~9月大气降水入渗，使岩土体含水量增加，增大岩土体自重的同时，软化各类结构面，降低软弱带岩土抗剪强度，产生动水压力，加速了岩质边坡的风化，调整了坡体应力状态，从而导致滑坡崩塌的发生或复活。1985年6月中旬一场持续8h的降雨导致龙凤镇发生滑坡灾害百余处，毁房200余间，34人死亡，30人重伤，造成重大经济损失。

4.2.3.2　人类工程活动

人类工程活动是诱发地质灾害的主要因素之一。恩施市是中国西部开发重点县（湖北省民族宗教事务委员会等，2009），近年来随着宜万铁路沪蓉西高速公路的兴建，人类工程活动日趋加剧，采矿活动、水利水电工程建设、筑路、建房等均对边坡稳定性造成了不利影响，促使滑坡崩塌等地质灾害的发生和复活。据统计，全市受各类工程活动影响而诱发的地质灾害340处，占地质灾害总数的82.9%，可见人类工程活动对地质环境的破坏和地质灾害的形成作用强烈。

4.2.3.3　库区蓄水

清江水布垭水库及三峡工程开始蓄水后，边坡淹没长期处于饱水状况，坡体稳定性降低，尤其是汛期防洪，库水回落速度较快的情况下，导致坡体内地下水外流排泄形成较大的动水压力，部分地下水活动强烈区段细小颗粒物质被渗流带出，致使上部土体失去支撑而产生沉陷，继而发生岸坡坍滑。

4.2.4　地区（州）级山地灾害特点

由于武陵山区跨越4省，资料收集存在一定的困难，对于各地灾害及贫困情况把握不够。因此，下面以武陵山区山地灾害最为严重、资料较为详细的恩施州为例，分析州级山地灾害特点与致贫风险。

4.2.4.1　恩施土家族苗族自治州

恩施州位于中国湖北省西南部，地理坐标东经109°4′48″～109°58′42″，北纬29°50′24″～30°40′00″。西面和北面邻接重庆市，东临宜昌市，南邻湖南湘西土家族苗族自治州，东北接神农架林区。辖恩施、利川两个县级市和巴东、来凤、咸丰、建始、鹤峰、宣恩6个县、88个乡镇，首府恩施市。面积24111km²，人口394万，其中汉族约占45%，土家族约占46%，苗族约占6.5%。春秋时期为古巴国地，1949年设恩施专区，1970年改恩施地区，1983年置鄂西土家族苗族自治州，1993年4月改现名。

4.2.4.2 恩施州地质环境背景

恩施州地处我国第二阶梯东缘，属云贵高原东部延伸部分；境内有四大山脉，即武陵山脉、巫山山脉、大娄山山脉、大巴山山脉，平均海拔1 000m以上。境内地表切割深，沟壑纵横，地形地貌复杂。整个地势西北、东北部高，中部相对较低，阶梯状地貌发育（图4-8）。境内河流众多，多沿断裂发育，形成不同程度的深切曲流。

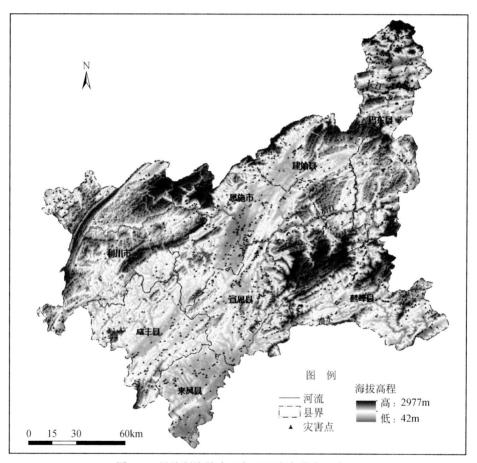

图4-8 恩施州海拔高程与山地灾害分布示意图

境内地势，西北与东南高陡，中部低缓，西北部大山顶、沐扶一带，北东向展布高程1 600~2 000m的高大山脉构成长江与清江的分水岭；东南部红土双河一带山体呈北东向展布，高程多为1 400~1 800m，是清江与澧水的分水岭；以恩施盆地为中心的中部地区，地势低缓，清江自西向东蜿蜒穿行其间，形成波状起伏的丘陵地貌。盆地两侧地势逐渐增高，宏大山体间夹深切峡谷。在长期内外营力作用下，形成了以鄂西山区五级剥夷面为特征的层状地貌景观，各类地貌形态发育，斜坡类型多样，具有山高沟多坡长谷窄溪沟深切等特征。

4.2.4.3　气象水文

本区属亚热带山地季风性湿润气候，雨量充沛，四季分明。气候垂直分异明显，小气候特征突出，有暴雨、洪涝、低温冷害、冰雹、大风等气象灾害。全州多年平均年降水量 1 100～1 900mm，雨量丰沛，夏季强度大，6、7、8 月份常有山洪暴发。降水量区域总体是南多北少，高山多于低山，长江河谷最少，南部鹤峰最多。

4.2.4.4　构造岩性

本区位于新华夏系第三隆起带内，山体走向受区域构造控制，多呈北东或北北东向展布，恩施盆地为隆起带内应力调整局部陷落造成的断陷盆地。境内构造形迹主要为一系列北北东向—北东向褶皱及其伴生断裂，按其展布方向、力学性质和生成时期可分为华夏系和新华夏系两个构造体系。恩施市区及周边地带主要区域性活动断裂有北东向恩施建始断裂、咸丰断裂、来凤断裂、齐岳山断裂。

域内地层除缺失下泥盆统、上志留统、中上侏罗统和下白垩统外，自古生界寒武系、新生界第四系均有出露，白垩系、上三叠统、泥盆系、志留系主要为碎屑岩，其余均以碳酸盐岩为主，其中三叠系分布最广（图 4-9）。区域内灰岩、砂页岩、粉砂岩，地貌表现多成陡崖，易因差异风化而形成凹腔，易发育崩塌。同时易溶碳酸盐岩的存在，为该区岩溶的发育和地质灾害的发生提供了物质基础。

4.2.4.5　山地灾害

1）灾害概况

恩施州位于鄂西褶皱山地，地势西高东低，平均海拔高程千米以上，山峰耸立，河谷深切，相对高差一般为 500～1 300m。州内地貌类型主要有结晶岩组成的侵蚀构造类型，侏罗系砂页岩组成的侵蚀构造类型，古、中生界灰岩组成的侵蚀构造类型、侵蚀堆积类型。因山高坡陡、山势险峻、河谷深切、新构造运动活动频繁、降雨丰沛、人类工程活动强烈等因素，造成山地灾害分布广、频率高、灾情重，是湖北省地质灾害多发区之一。

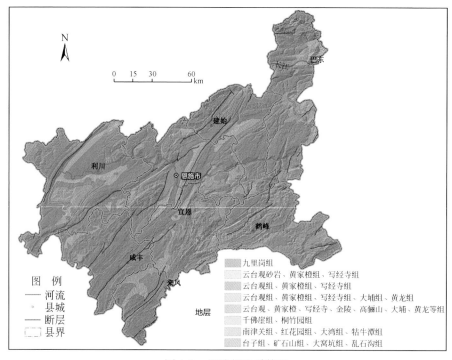

图 4-9　恩施州地质简图

近年来，随着恩施州宜（昌）万（林鸿州等，2009）铁路、沪蓉西高速公路以及一批大中型水电站的建设，因工程活动引起的山地灾害频发，其规模大，损失严重。

据湖北省水文地质工程地质大队所做的《恩施州地质灾害防治规划（2006～2015）》：该州八县市均属地质灾害易发区，全州共有各类地质灾害 3916 处（图4-10）。其中，滑坡占绝大多数，达 79.7%，崩塌占 12.7%，泥石流灾害比较少，仅占 2.6%。山地灾害占全部地质灾害的 95.0%，而非山地专属灾害的地面塌陷和库岸变形共占地质灾害的 5%。上述灾害共造成直接经济损失 45 445.42 万元，危及人口 17.5 万人，潜在经济损失达 48 亿人民币。

2）空间分布特征

区内山地灾害在空间分布上显示不同地貌单元各具特色，在地形地貌上呈现散中有聚的特征。总体而言，长期上升的分水岭地段与地形较为宽缓的一二级剥夷面前缘地段山地灾害较少，以崩塌为主；三四五级剥夷面沟谷及剥夷面之间斜坡地带，滑坡、泥石流最为发育，岩溶地貌区以山体开裂崩塌等脆性变形为主，滑坡较为少见；岩溶塌陷全部发育于岩溶洼地槽谷中。高程 1 200m 以下的低山

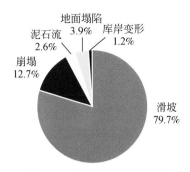

图 4-10　地质灾害分类统计

峡谷区山地灾害较为发育，尤以清江及其支流两岸密度最大，且个体规模较大，山地灾害分布占总数的 69.76%，如屯堡、沐扶一带山地灾害发育密度达 0.78 处/km²，这一区段地处清江峡谷岸坡，地形起伏较大，大规模公路建房、水电工程建设等人类工程活动较为强烈，地质环境破坏严重；高程 1 300m 以上中山区相对人烟稀少，人类活动较弱，山地灾害多零散分布，且以受自然因素控制的中小型灾害为主，这些特征是人类长期活动对地质环境不同程度影响与破坏的综合反映。

　　3）时间分布特征

　　区内山地灾害在时间分布上主要受大气降雨的控制。恩施市降雨主要集中在 5~9 月份，以 6~7 月份雨量最大，6~8 月份产生的山地灾害占全部山地灾害的 70.8%，其中 7 月份占 60.3%，尤其是在连续暴雨条件下山地灾害发育率更高，在连续降雨入渗作用下诱发的山地灾害体，具突发性质和较大的危害。恩施市 1997 年 7 月 14 日~16 日连续 3 天暴雨，降雨量达 348.8mm，芭蕉乡大岩洞滑坡于 16 日 7 时突然发生整体滑移，导致前缘 12 间民房被掩埋，9 人死亡，造成重大经济损失。此外，区内山地灾害主要分布于多年平均降雨量>1 100mm 的区域，从侧面佐证了山地灾害的发生与降雨关系密切。

　　4）形成条件

　　恩施州山地灾害的影响因素较多。根据目前得到的资料，对比前人研究成果，主要由于高程、坡度、坡体结构及地层岩性等所造成。

　　（1）高程

　　高程是划分地貌类型的重要指标之一，它不仅反映了山地的切割程度，而且表征了山地灾害的潜在势能，为山地灾害的形成提供了能量条件。将研究区高程按照 300m 间隔划分等级，并统计不同高程段内山地灾害的分布情况。根据统计可见，高程为 600~900m 区间的灾害最为密集，占山地灾害总数的 32.83%，300~600m 和

900~1 200m 区间次之，分别占山地灾害总数的 24.32% 和 23.71% （图4-11）。

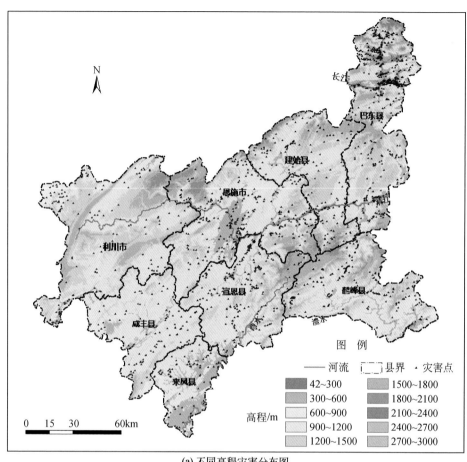

(a) 不同高程灾害分布图

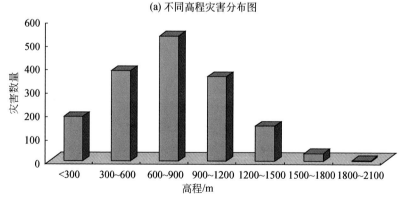

(b)不同高程灾害统计

图 4-11 山地灾害与高程相关关系分析图

（2）坡度

坡度是影响山地灾害发生的最重要的地形指标。崩塌主要发生在>50°的坡面上，如峡谷区岸坡、陡崖、冲沟沟壁等都是容易发生崩塌的地带；滑坡主要发生于<50°的坡面上；而对于泥石流，流域内坡面的坡度组成，影响了产汇流的过程，从而影响泥石流的发生与规模。将研究区坡度按10°间隔进行划分，并统计山地灾害在不同坡度段内分布的数量，由统计数据分析，坡度为20°~30°及10°~20°区间的灾害最为密集，分别占山地灾害总数的31.0%和30.40%，30°~40°区间次之，占山地灾害总数的18.48%，三个坡度段内山地灾害的数量占总数的79.88%（图4-12）。

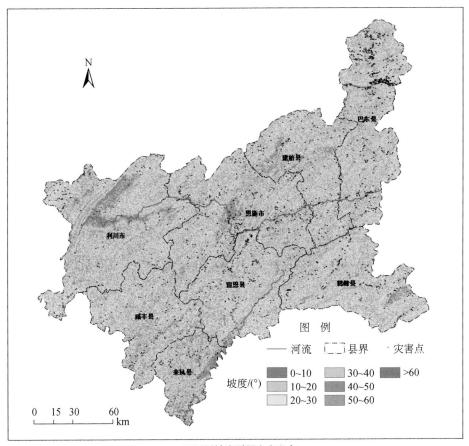

(a)不同坡度区间灾害分布

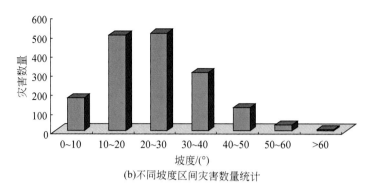

(b)不同坡度区间灾害数量统计

图4-12 山地灾害与坡度相关关系分析图

（3）坡向

坡向的不同，使得坡体的风化侵蚀、气候条件（降水、冰雪消融）、土地覆被类型（森林、草地、灌木、农田等）及土壤条件等也不相同，从而影响山地灾害的发生。对山地灾害发生所在的坡向进行统计，由数据统计分析，山地灾害与坡向的相关性相对较低，各个坡向内均有山地灾害的分布，但在正南向和西北向坡体发育最多，分别占了山地灾害总数的15.32%和15.26%，其他坡向内山地灾害的数量基本在11%左右，东北向坡面山地灾害分布最少，约占山地灾害总数的9.42%（图4-13）。这与该地区的山体走向具有相关性。

（4）坡面形态

斜坡坡面形态在纵剖面上可分为直线坡、凹形坡和凸形坡，在总坡度相同的情况下，斜坡稳定性顺序为凹形坡>直线坡>凸形坡，即上陡下缓的凹形坡最不稳定。此外陡崖处的岩屋地貌常发育有不稳定崩塌体。利用曲率这一参数来表征坡面形态，当曲率大于0时，坡面表现为凸形坡，值越大，凸出的程度越大；当曲率小于0时，坡面表现为凹形坡，值越小，凹陷的程度越大；当区域等于或近似等于0时，坡面的形状表现为直线坡。对研究区山地灾害所在坡面的坡形进行统计，恩施州山地灾害主要分布在曲率值为−1～−0.1的坡面上，占山地灾害总数的25.11%，其次为曲率值0.1～1之间的坡面上，占山地灾害总数的22.13%。曲率为−0.1～0.1之间的坡面山地灾害分布最少，仅占山地灾害总数的3.47%，说明在研究区内，直线坡上山地灾害发生较少（图4-14）。

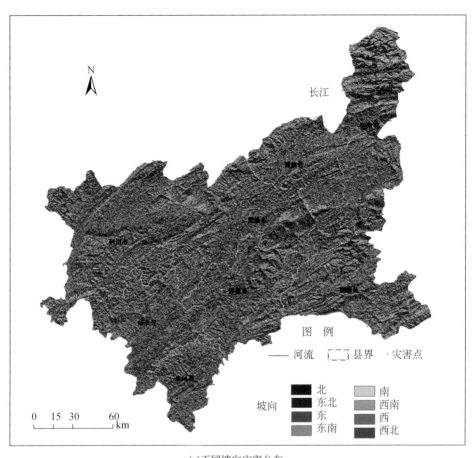

(a)不同坡向灾害分布

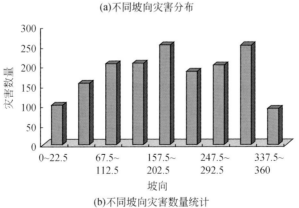

(b)不同坡向灾害数量统计

图 4-13　山地灾害与坡向相关关系分析图

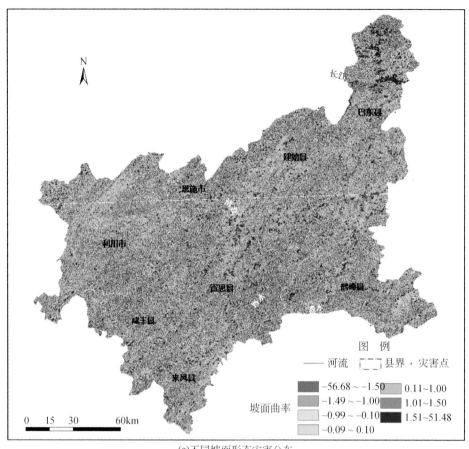

(a)不同坡面形态灾害分布

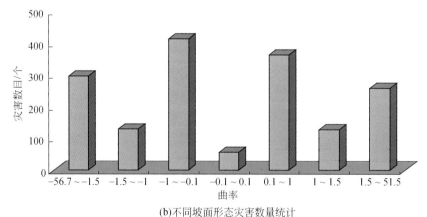

(b)不同坡面形态灾害数量统计

图4-14　山地灾害与坡面形态相关关系分析图

（5）地层岩性

对研究区内的地层按照工程地质岩性划分为软岩、软硬相间和硬岩三类，并对山地灾害发生处所在地层的岩性进行统计。恩施市地质灾害平均发育密度为0.16 个/km²，3.2%的山地灾害分布在第四系松散堆积层和志留系侏罗系等以软岩为主，46.5%的山地灾害分布于软硬相间地层区，49.7%分布于以碳酸盐岩为主的硬脆性岩体分布区（图 4-15）。上述数据表明，地质灾害的分布与地层岩性关系密切。侏罗系、第四系等较新时代地层中的灾害分布数量较为有限，面积上占全区的4.2%；寒武、奥陶、二叠等较老时期的硬质（灾害发生区地层占全区面积18.5%）、软硬相间（灾害发生区地层占全区面积76.2%）岩类在本区分布范围广，这一点与前述滑坡的基本形成条件即软硬相间的地层结构相符，因此本区的灾害以滑坡为主，软硬相间地区的滑坡在面积和数量上在全区都占统治地位。

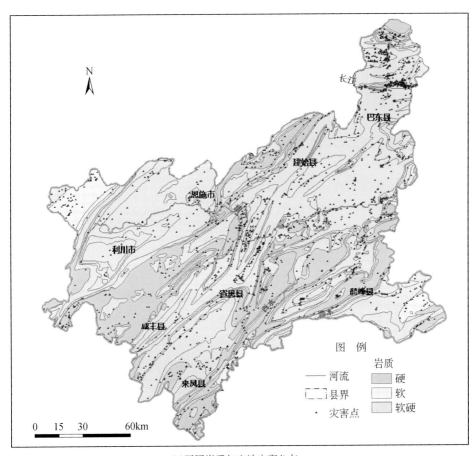

(a)不同岩质与山地灾害分布

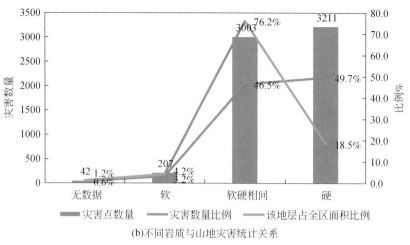

(b)不同岩质与山地灾害统计关系

图 4-15　山地灾害岩性统计

5）山地灾害现场调查

为进一步增加对武陵山区北部山地灾害的认识，研究人员考察了鹤峰县、建始县、石门县、慈利县、桑植县山地灾害，沿途经过的区县包括：武隆县、彭水县、黔江区、咸丰县、来凤县、龙山县、永顺县、张家界市、宣恩县、恩施市区、利川县、石柱县，调查时间为 2012 年 8 月。

根据调查结果，共有 6 处较明显的灾害点，全部灾害类型都为滑坡：鹤峰县的潘溪和容美镇滑坡、建始县的茅田乡三道岩滑坡、慈利县的象市镇滑坡、石门县的白云乡滑坡、重庆黔江区县坝乡滑坡。

1. 重庆市黔江区舟白镇箭坝村 3 组滑坡

（1）概况

滑坡位于重庆市黔江区舟白镇箭坝村 3 组村民陈应平、陈应周、温锦强家房屋所在的区域，滑坡地理坐标为 29.573359N，108.882187E，海拔高程 515m。滑坡后缘位于 S202 省道与在建的渝恩高速之间，滑坡前缘位于朗溪沟与温锦强家房屋之间（图 4-16）。滑坡长约 200m，宽约 100m，滑坡面积 20000m²。该滑坡于 2012 年 4 月开始发生变形，目前，在村民陈应平家的房屋基础和墙体上，由于滑坡变形出现 2 条拉张裂缝，裂缝长 5～8m，最大宽度约 10cm（图 4-17）。

箭坝村 3 组滑坡位于朗溪沟右岸，原始斜坡略呈凸形，平均地形坡角约 20°，坡向 180°。坡体前缘临朗溪沟，为陡坡，坡角约 30°。前缘高程 485 m，后缘高程 540 m，相对高差 55 m（图 4-18）。滑坡后缘为陡崖，坡体结构类型为土质斜坡。

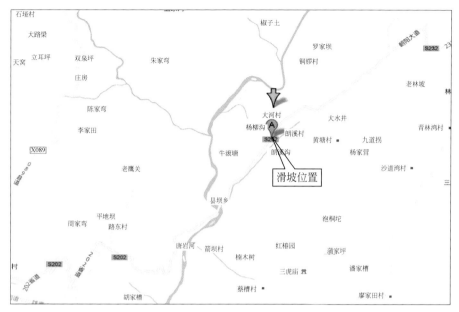

图4-16　滑坡位置图

图4-17　滑坡变形裂缝特征

（2）地层岩性

滑坡区出露地层上部为第四系坡积、残积层的黏土、含砂页岩亚黏土（Q_4^{dl+el}），主要成分为砾岩块碎石、粉砂岩、泥岩碎石土及粉质黏土。滑坡体后缘上部山体的下伏基岩为泥盆系（D）白云岩、灰岩，滑坡所在坡体下覆基岩为泥盆系（D）砂页岩、泥岩，表层砂页岩、泥岩风化较强烈，岩体较破碎，强风化层较厚（图4-19）。

（3）地质构造

滑坡位于七曜山断裂东翼，表层风化裂隙发育，呈网状分布，裂隙密集，致

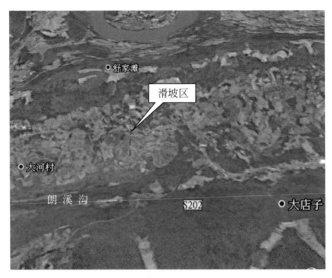

图 4-18　滑坡影像图（源于 Google Earth）

使岩体较为破碎，表层岩体呈散体状（图 4-20）。

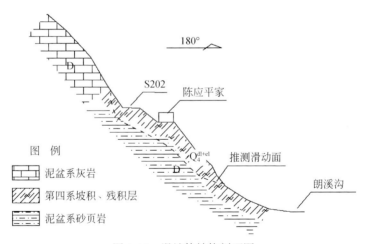

图 4-19　滑坡体结构剖面图

（4）形成机制

滑坡变形前遭受了持续的降雨天气，据村民介绍，降雨量就达到了暴雨级别。强降雨是激发本次滑坡的主要控制因素，滑坡区位于斜坡上，斜坡总体地形呈凸形，属地下、地表水径流区，雨天大量地表水冲刷浸泡坡体后沿基岩面向朗溪沟汇流排泄。砂页岩、泥岩中赋存风化裂隙水，滑坡后缘潜水位海拔为 540 m，地下

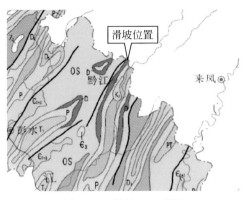

图 4-20　滑坡区地质图

水潜水压力为滑坡发育中滑动面的形成提供了动力条件。

此外，滑坡区位于七曜山断裂区域，岩体较为破碎。加之坡体上部正在修建黔江至恩施的高速公路，公路建设过程中采用的爆破开挖岩体，对坡体产生振动，也可能加剧导致斜坡变形破坏。

2. 湖南省石门县白云乡滑坡

（1）滑坡概况

湖南省石门县白云乡滑坡位于白云乡 S303 省道北侧，滑坡地理坐标为29.637957N，111.182381E，海拔高程 147m。滑坡地形属于低丘山垄岗坡地。滑坡后缘位于白云山坡体，海拔高程 160m，滑坡前缘位于斜坡坡脚，S303 省道北侧，海拔高程 147m（图 4-21、图 4-22），相对高差 13 m。滑坡长约 60m，宽约120m，滑坡面积 7200m²。滑坡后缘为陡崖，坡体结构类型为土质斜坡。该滑坡于2012 年 7 月 17 日开始发生变形，坡体可见最大裂缝长度约 20m，宽度约 80cm（图 4-23）。滑坡原始斜坡略呈凹形，平均地形坡角约 18°，坡向 189°。

（2）地质构造

该滑坡区域地质构造属于磺厂背斜南翼偏轴部，北与沿市向斜相邻，南靠东岳观向斜，磺厂背斜轴线走向近东西 100°～280°，轴部受东西向断层磺厂-仙凤山断层的破坏，另有一条张性断裂位于雷公嘴。

（3）地层岩性

滑坡区地层岩性由老到新，依次出露。寒武系-奥陶系碳酸盐类夹碎屑岩类岩组（Є-O）、志留系-泥盆系中上统碎屑岩类夹碳酸盐类岩组（S-D$_{1+2}$）（图 4-24）以及第四系全新统坡残积层 Q$_4^{el}$（图 4-25）。

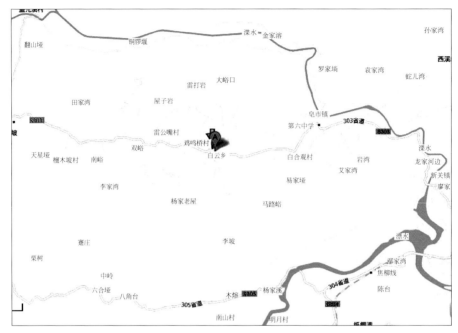

图 4-21　石门县白云乡滑坡位置图

图 4-22　石门县白云乡滑坡影像图（源于 Google Earth）

（4）滑坡形成机制

2012 年 6 月 25 日当地开始持续性降雨天气，7 月 17 日的降雨量达到大暴雨的级别，滑坡出现滑动，表层出现滑塌，滑坡后缘的裂缝开始增大。由滑坡区域影像图（图 4-22）看出，滑坡体区域至白云山顶为一典型的汇水洼地区域，汇水

图 4-23　石门县白云乡滑坡全貌图

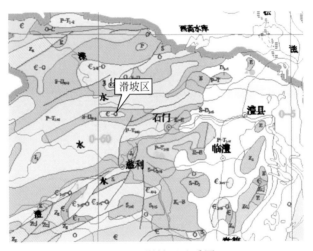

图 4-24　滑坡区地质图

区域长度约 800m，平均宽度约 250m，汇水面积 200000m²。当强降水出现时，地表径流加大，并且增加地下水的流量、流速，使山体岩石重力、水压力增大，从而形成滑坡与泥石流等灾害。

　　此外，在坡体坡脚建房，开挖坡体，使坡体前缘失去支撑，减小了坡体的抗滑阻力，导致坡体变形。坡体变形，产生裂缝，致使地表水大量渗入地下，增加了坡体自身的重力，并且使滑坡滑动面产生润滑，降低了滑带土的抗剪强度，导致滑坡出现变形破坏。

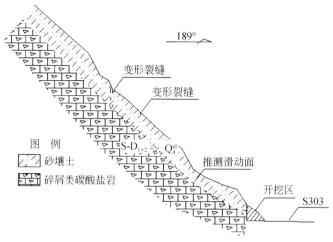

图 4-25　滑坡体结构剖面图

3. 湖南省慈利县象市镇田家寨滑坡

（1）滑坡概况

湖南省张家界市慈利县象市镇自 2012 年 5 月 8 日以来持续降雨，5 月 13 日晚 8 时，受连日降雨影响，双桥村田家寨滑坡出现长度达 200m，宽度达 25cm 的山体裂缝，伴随有山体下移滑动趋势，上部山体裂缝的进一步加剧，直接威胁着下游 46 户 110 人的生命安全（图 4-26）。

图 4-26　田家寨滑坡地理位置图

滑坡地理位置为29°30′52.01″N，110°50′32.13″E，海拔高程为140m（图4-27），滑坡顺坡长度约30m，前后缘相对高差约20m，滑坡厚度20～30m，滑坡坡度20°～25°，滑坡滑动方向215°，滑坡体积约90000m³。该滑坡区域于2003年开始发生变形，裂缝长约110m，2009年发现隐患点时裂缝长120m，宽3cm，2012年受持续强降雨的作用，滑坡发生滑动，毁坏滑坡体及滑坡前缘的建筑物，导致省道305交通受到影响（图4-28）。

图 4-27　田家寨滑坡地貌影像图（源于 Google Earth）

图 4-28　田家寨滑坡全貌图

（2）地层岩性

滑坡区出露的地层为二叠系—三叠系中上统褐色砂泥岩、泥岩、泥质粉砂岩（P—T_{1+2}）（图4-29）。岩体产状近水平，发育三组相互垂直的风化裂隙（图4-30），该套地层质软、易风化，属弱岩类地层。该地层遇水软化，属于易滑地层。受风化作用的影响，岩层较破碎。这种岩体特征为滑坡的形成提供了较好的地层岩性条件（图4-31）。

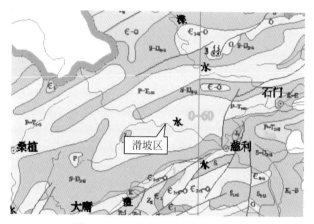

图4-29 田家寨滑坡区域地质图

图4-30 田家寨滑坡岩层发育的裂隙图

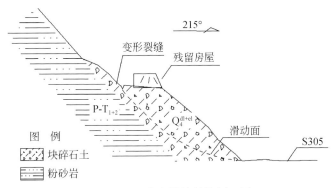

图 4-31　田家寨滑坡结构剖面图

（3）形成机制

滑坡区丰富的年降雨以及高强度的降水，对滑坡的发生起到了不可或缺的作用。岩土的力学性质弱化，大量的地表水沿岩层的裂隙渗入地下，在软弱层上富集、侵蚀，使岩体工程地质强度迅速降低，破坏了坡体的力学平衡，其提供的静水压力和动水压力以及浮托力使下滑力增大而使抗滑力降低，从而使坡体不稳定，直至滑坡发生变形、破坏。

人类工程活动主要表现在修路、建筑等开挖坡脚，在坡脚形成有效临空面，导致滑坡下部抗滑力的减小，引起了斜坡的变形破坏。

田家寨滑坡为一推移式滑坡，随着坡体前缘的开挖造成坡角的应力集中，以及斜坡在降雨和自重的作用下发生的蠕变积累，使斜坡在适当的条件下会发生突变而造成斜坡失稳，从而使滑坡体复活。

4. 湖北省鹤峰县容美镇满山红滑坡监测点

（1）滑坡概况

湖北省鹤峰县容美镇满山红滑坡位于鹤峰县容美镇烈士陵园下，地理位置为29°53′19.13″ N，110°1′54.31″ E，海拔高程为540m（图 4-32）。滑坡顺坡长度约70m，滑坡宽度约220m，前后缘相对高差约30m，滑坡坡度25°～30°，滑坡滑动方向345°，滑坡面积约6600m²，估计滑坡体积约10～15 万 m³。

该滑坡体于1986 年曾发生一次小规模的滑动，导致一户房屋被摧毁，之后趋于相对稳定状态。20 世纪90 年代，由于城镇的快速发展，在滑坡的坡脚九峰大道两侧修建了大量的建筑，并对公路内侧的坡脚进行开挖，导致滑坡出现变形。2009 年在滑坡的左侧，烈士陵园的下方，修建了6 根截面为2m×2m 的抗滑桩，此后滑坡体又趋于稳定状态。至2011 年汛期，在滑坡左侧，抗滑桩边缘外的烈士陵

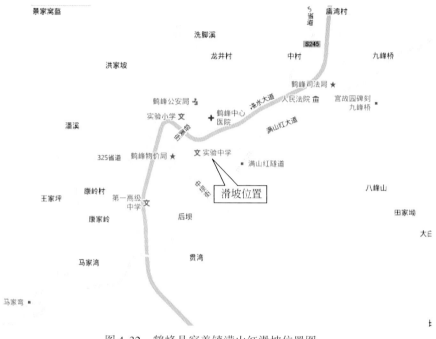

图 4-32 鹤峰县容美镇满山红滑坡位置图

园停车场区域又产生变形裂缝,裂缝长约 30m,宽度约 1cm。2012 年 3~4 月,滑坡变形裂缝逐渐向坡体上部扩展,在停车场至游乐场的公路上又产生长约 30m 的裂缝(图 4-33)。

图 4-33 鹤峰县容美镇满山红滑坡裂缝特征

满山红滑坡位于容美镇城镇中,在滑坡体下部和滑坡体的左侧建筑密集,滑坡一旦失稳滑动,将直接威胁着坡体下部和左侧数百人的生命财产安全(图 4-34)。

图 4-34　鹤峰县满山红滑坡地貌影像图（源于 Google Earth）

（2）地层岩性和地质构造

鹤峰地处武陵山区腹地，历经多期构造运动改造，地层强烈褶皱，断裂发育，活动断裂数十条，断裂破碎带宽达数百至数千米，21 世纪以来，新构造运动仍很活跃。该县地层从古生界到新生界均有分布，地层多变，岩性复杂。岩石主要为变质岩、灰岩、砂岩和花岗岩，尤以变质岩多，面积大，其岩性疏松、风化强烈，极有利于灾害的发生发展。

鹤峰县城主要出露的地层为上三叠统的灰岩、泥灰岩、白云岩（T₁）以及二叠系阳新统白云岩、灰岩和乐平统的灰岩、泥页岩（图 4-35）。而滑坡区域出露的地层为二叠系乐平统的泥页岩，该岩层性质弱，易风化，遇水极易软化，是该区域滑坡发生的主要地层（图 4-36）。

（3）形成机制

滑坡区的地形较陡，平均坡度较大，滑坡前缘直接临空于溇水河，河流的冲蚀导致坡脚抗滑力减弱。滑坡区出露地层为泥页岩，该类岩体遇水极易软化，是滑坡发生的易滑地层之一。近年来，在坡体的下部，由于公路建设和城镇建设，又加大了对坡体坡脚的开挖，致使坡体的临空面进一步加大和后靠，坡体的稳定性减小（图 4-36）。该区域是五峰暴雨中心区之一，频数高，强度大，最大年降水量达 2551mm，每年 7 月份降水 1275mm。此丰沛的降雨又为滑坡的变形失稳提供了诱发因素。

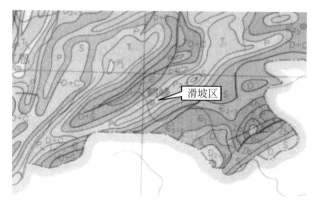

图 4-35 鹤峰县满山红滑坡区域地质图

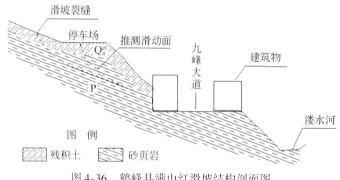

图 4-36 鹤峰县满山红滑坡结构剖面图

5. 湖北省鹤峰县潘溪滑坡监测点

（1）滑坡概况

湖北省鹤峰县潘溪滑坡位于鹤峰县容美镇潘溪村，地理位置为 29°53′17.60″N，110°1′4.16″E，海拔高程为 490m（图 4-37、图 4-38）。滑坡顺坡长度约 150m，滑坡前缘宽度约 300m，前后缘相对高差约 60m，滑坡坡度 20°~25°，滑坡滑动方向 185°，滑坡面积约 22500m²，估计滑坡体积约 12~20 万 m³。

该滑坡体于 20 世纪 80 年代开始出现变形，在降雨较多的季节，有局部的蠕动变形，而后趋于相对稳定状态。2004 年 5 月，在强降雨的作用下，潘溪滑坡又产生蠕动变形，发生了局部下坠滑动，滑动距离约 20cm，坡体上部分房屋的墙体和地面出现裂缝。2012 年雨季期间，滑坡中部建筑的裂缝呈现继续增大的趋势（图 4-39）。

图 4-37 鹤峰县潘溪滑坡位置图

图 4-38 潘溪滑坡局部特征

滑坡的前缘位于溇水大道，而道路的两旁建筑密集，滑坡影响居民约 70 户，人口 300~400 人（图 4-40）。

（2）地层岩性与地质构造

鹤峰县境内大地构造主要受华夏构造体系的北东向"多"字形构造，新华夏系第三隆起带南段呈北北东—北东向及北北东—北东东向展布的黔东褶皱带的控制，还受到八面山弧形状旋转构造带的影响。区域上属湘鄂西拗陷，构造线处于北北东向与北东东向的转折部位，构造类型以断褶构造和华夏式褶皱为主。出露

图 4-39　滑坡体上建筑裂缝特征

图 4-40　鹤峰县潘溪滑坡地貌影像图（源于 Google Earth）

出地表的岩层，主要为沉积岩类及少量由沉积岩变质而成的变质岩，岩浆岩多为侵入体，且位数很少。岩石主要为变质岩、灰岩、砂岩和花岗岩，尤以变质岩多，面积大，其岩性疏松、风化强烈，极有利于灾害的发生发展。

　　鹤峰县城主要出露的地层为上三叠统的灰岩、泥灰岩、白云岩（T_1）以及二叠系阳新统白云岩、灰岩和乐平统的灰岩、泥页岩（图 4-41）。而滑坡区域出露的地层为二叠系乐平统的泥页岩，该岩层性质弱，易风化，遇水极易软化，是该区域滑坡发生的主要地层（图 4-42）。

　　（3）形成机制

　　滑坡区的地形较陡，平均坡度较大，滑坡区出露地层为泥页岩，该类岩体遇水极易软化，是滑坡发生的易滑地层之一。近年来，在坡体的下部，由于公路建

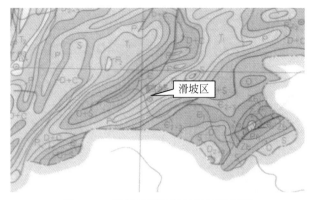

图 4-41　鹤峰县潘溪滑坡区域地质图

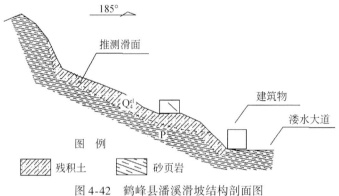

图 4-42　鹤峰县潘溪滑坡结构剖面图

设和城镇建设，又加大了对坡体坡脚的开挖，致使坡体的临空面进一步加大和后靠，坡体的稳定性减小（图 4-42）。该区域是五峰暴雨中心区之一，频数高，强度大，最大年降水量达 2551mm，每年 7 月份降水 1275mm。由此丰沛的降雨又为滑坡的变形失稳提供了诱发因素。

6. 湖北省建始县茅田乡三道岩滑坡

（1）滑坡概况

三道岩滑坡位于湖北省建始县茅田乡 G209 国道三道岩，地理位置为 30°45′32.08″ N，109°50′51.60″ E，海拔高程为 1050m（图 4-43）。滑坡原始坡体顺坡长度约 170m，滑坡宽度约 80m，前后缘相对高差约 60m，滑坡坡度 25°，滑坡滑动方向 150°，滑坡面积约 12000m²，估计滑坡体积约 10 万 m³。

2011 年 9 月 15 日，恩施州建始县牯牛坪河（三岔沟）流域普降暴雨，茅田

图4-43　建始县茅田乡三道岩滑坡位置图

雨量站15日场次降水160.5mm，降水历时7h。最大1h降水量为71.5mm，最大3h降水量为139.0mm，最大6h降水量为160.0mm。受强降水影响，16日晚，建始县茅田乡三道岩村7组发生严重的山体滑坡，大量的滑坡体堵塞牯牛坪河河道，形成了堰塞湖（图4-44）。

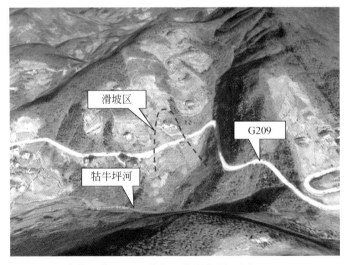

图4-44　建始县茅田乡三道岩地貌影像图（源于Google Earth）

自2009年209国道建始县三道岩段（K1873+370米处）出现滑坡，公路路基

以及公路外侧的房屋出现沉降,沉降深度约 1m,坡体上方的建筑被毁坏。2011 年
9 月 15 日,该路段遭遇特大暴雨之后再次出现大面积滑坡。16 日晚 8 时左右,该
路段险情加剧,路基下陷速度加快,至当晚 10 时 40 分路基全面垮塌,交通中断。
与此同时,滑坡体形成 4135m³ 的堰塞湖,目前总体情况平稳。受此灾害,209 国
道垮塌长 140m,光缆线被砸断 3 根,摧毁民房 2 户 11 间,损毁农田 17 亩,周边
5 户农民 16 人的居住安全受到影响,农户直接经济损失约 100 万元(图 4-45)。

图 4-45 建始县茅田乡三道岩滑坡特征

(2)地层岩性和地质构造

滑坡区出露的地层主要为中三叠统巴东组(T₂b),岩性为紫红色泥质粉砂岩、
泥岩及巴东组中统(T₂b)的凝灰岩。表层的第四系松散堆积物为含碎块石的亚黏
土、碎石土及块石土(图 4-46)。

滑坡体岩性:上部为亚黏土夹碎石,下部为稍密状的石土、块石土。该滑坡
滑床岩性为巴东组中统(T₂b)的灰岩,岩石强度高,滑床在纵剖面上形态呈近直
线形(图 4-47)。

滑坡体主要为强风化粉砂质泥岩、泥岩及弱风化泥质粉砂岩,强风化粉砂质
泥岩:紫红色夹灰绿色,中-薄层状,裂隙发育、岩石破碎,隙间有黏性土充填,
分布于滑床表面,厚度 3~10m。弱风化泥质粉砂岩:紫红色,粉砂质,中-薄层
状(图 4-48)。

(3)形成机制

三道岩滑坡的形成主要与滑坡区的地层岩性、地形地貌、降雨等地质环境因
素密切相关。

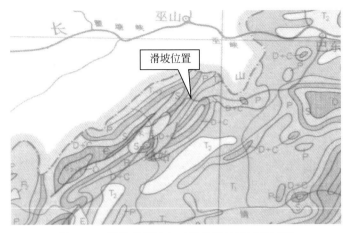

图 4-46　建始县茅田乡三道岩滑坡区域地质图

图 4-47　滑坡的滑床特征

　　滑坡区出露地层主要为粉砂质泥岩、泥质粉砂岩，岩体易风化破碎和软化，形成较厚的风化残坡积层，厚层斜坡堆积体的存在，为滑坡的形成提供了丰富的物质来源。厚层斜坡堆积体形成后，由于其结构疏松，有利于地表水的入渗和滑坡形成。滑坡纵向坡面坡度25°，坡上沟谷发育，汇水条件好，为滑坡形成提供了良好的动力条件。滑坡前缘由于受到公路建设的涵洞排水作用，对前缘坡体的冲蚀，导致坡体前缘形成有效临空面，减小了滑坡的抗滑力。

　　滑体中的黏性土多为泥岩和泥质粉砂岩风化形成，吸水性好，透水性弱，抗剪强度低，是滑带形成的物质基础。下覆基岩为强度高，透水性弱的灰岩，为滑坡滑床的形成提供了较好的基础。而上覆的泥岩、泥质粉砂岩的结构相对疏松，

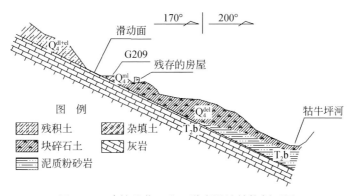

图 4-48　建始县茅田乡三道岩滑坡结构剖面图

孔隙发育，为大气降雨及地表水入渗汇集到基岩面，软化基岩面上的泥岩风化残积黏性土提供了有利条件，而大气降雨及地表水入渗，并且滑体堆积物透水性较强，暴雨和持续降雨的雨水入渗，使基岩面上的黏性土软化，抗剪强度低，形成了滑带土，从而易使斜坡堆积体发生滑移变形，从而导致滑坡的产生。

4.3　贫　　困

武陵山位于渝、鄂、湘、黔四省市的交界处，是西部大开发和中部崛起战略的交汇地带，是国家重点扶持的集老、少、边、穷、山为一体的 18 个贫困片区之一，也是中国最为集中的贫困县聚集区之一。

4.3.1　贫困原因

武陵山区集中连片少数民族困难社区的贫困是和其与生俱来的生态脆弱性分不开的。武陵山区生存环境恶劣，贫困人口多位于偏远深山和高寒地带。调查显示，集中连片少数民族困难社区主要位于深山或半深山中，占社区总数的 89.3%。多数贫困区远离交通要道的偏远地区，道路等交通设施通达和通畅显得不足；农户距离城镇的均值为 9.6km 左右，虽然有 75% 的住户距离城镇在 13km 以内，但有 5% 的村民距离城镇超过了 25km，且为山路。贫困人口所在区域山地、丘陵面积占 95% 以上，大片的耕地少，分散的 15° 以上坡耕地、梯田多，且土层浅薄，产量较低，导致耕地生产能力较低，土地承载力较弱。

4.3.2　贫困特点

2010 年，武陵山区农民人均纯收入 3 499 元，仅相当于当年全国平均水平的

59.1%。按照国家统计局测算结果，2009 年农民人均纯收入低于 1 196 元的农村贫困人口 301.8 万人，贫困发生率 11.21%，比全国高 7.41 个百分点。《中国农村扶贫开发纲要（2001—2010 年)》实施期间，武陵山片区共确定 11 303 个贫困村，占全国的 7.64%。片区 68 个县（市、区）中有 42 个国家扶贫开发工作重点县，13 个省级重点县。

据湖北省民宗委等调查（湖北省民族宗教事务委员会等，2009），武陵山区各地贫困特点如下：

（1）湖北省（恩施州）

绝对贫困人口居高不下，截至 2008 年年底，该州农村建档立卡的贫困人口仍有 136.76 万人（其中应纳入低保人口 35 万人），占全州总人口的 35.2%，占全州乡村人口的 39.9%。贫困人口大多集中在深山区、高寒区、地方病高发区。全州纳入"整村推进"范围的重点贫困村 1966 个，占总数的 67.8%；目前仅实施了 826 个，占总数的 42%，还有 1140 个难度更大的贫困村尚待扶持，占总数的 58%。

（2）湖南省（湘西地区）

根据湖南省民族事务委员会 2006 年贫困监测，湖南省武陵山少数民族地区的其中 17 县市区尚有贫困人口 71.18 万人、低收入人口 79.39 万人，分别占该地区总人口的 12.2% 和 13.6%。并且，近年来这些地区的经济发展水平与湖南省以及全国的平均水平相比较，其差距呈逐年扩大趋势。

（3）重庆市（渝东南少数民族地区）

贫困面较广。截至 2007 年年底，渝东南少数民族地区有贫困人口 14.78 万人、低收入人口 28.22 万人，分别占该地区总人口的 4.7% 和 8.9%。并且，渝东南少数民族地区三次产业的比例为 25.0∶38.7∶36.3，而重庆市三次产业的比例为 11.7∶45.9∶42.4，说明渝东南地区中农业还是占了较大比重，工业化程度和第三产业的发展还比较落后。从农村居民人均纯收入来看，2007 年，渝东南少数民族地区人均纯收入为 2665 元，仅相当于重庆市农民人均纯收入 3509 元的 76%。

（4）贵州省（铜仁地区）

有国家级贫困县 1 个，即沿河土家族自治县，省级贫困县 6 个，即松桃、印江、思南、江口、石阡、德江。2008 年，全区财政总收入 23.11 亿元，地方财政收入 10.98 亿元，农民人均纯收入 2457 元。其中，人均纯收入 1196 元以下的贫困人口 72.65 万人，贫困发生率为 20.1%。

总体而言，武陵山区贫困具有如下 5 个特点：

①低位增长下的整体性贫困；

②生态脆弱下的慢性贫困；

③城镇化水平低，农村地区贫困水平十分严重；

④绝对贫困依然存在，相对贫困加剧；

⑤收入贫困与能力贫困相互交织（符廷銮，2012）。

4.3.3　贫困识别

依据可持续生计方法（DFID，1999～2005），建立脆弱性–可持续生计分析框架，将家庭所拥有的 5 种生计资本（人力资本、自然资本、金融资本、物化资本、社会资本）（图4-49），并以此进行多维贫困识别。

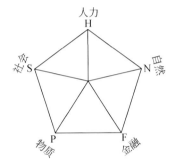

图 4-49　生计五边形（DFID）

数据采用民政部 2009～2013 年武陵山区各贫困县统计数据，其中：

人力资本 H，采用"高中阶段教育"、"参加各类培训人数"结果平均；

自然资本 N，采用"耕地"与"林地"进行加权；

金融资本 F，采用"农村居民人均纯收入"；

物化资本 P，采用"道路"、"通电"、"广播电视"、"网络"、"卫生室数量"进行平均；

社会资本 S，采用"有幼儿园"、"有社区"、"农民/城镇收入比"进行平均；

多维贫困指数 MDI 采用 5 种生计资本进行二二相乘后的总值（徐勇、刘艳华，2015）：

$$MDI = H \cdot N + N \cdot F + F \cdot P + S \cdot H + H \cdot F + F \cdot S + S \cdot N + N \cdot P \qquad (4-1)$$

将上述数据分布于行政区划图上，以得到武陵山区县级多维贫困分布图（图4-50）。

尽管由于数据的缺失，部分县无法识别，但仍可以看出，武陵山区县级贫困分布主要集中于中高海拔山区（刘昌刚，2009；王丽华，2011）。由于少数民族聚集，导致文化、社会方面的权利相对更易缺失（杨浩等，2015），从而使其成为名副其实的集中连片少数民族困难地区。根据田丰韶对武陵山区贫困村的社区调查问卷统计，在 2006～2011 这 5 年里，149 个贫困村遭受不同程度的自然灾害，其中滑坡、泥石流等山地灾害次数可达 50%（田丰韶，2012）。

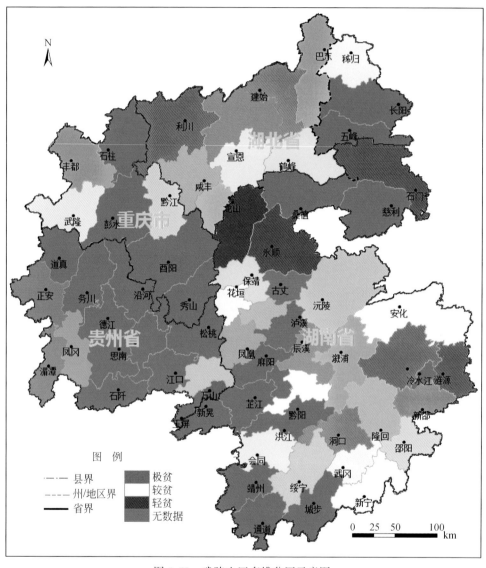

图 4-50　武陵山区多维贫困示意图

4.4　山地灾害致使贫困风险评价

由于武陵山区全区资料的不全，导致图4-50缺失21个县资料，难以全面反映武陵山区贫困分布状况及山地灾害之间关系。此处以资料较为齐全的恩施州为例进行州级山地灾害致使贫困风险分析。

4.4.1　技术路线

评价方法路线如下。

1）山地灾害危险性评价

收集山地灾害历史记录；

由DEM导出相应的坡度、高差、坡向、地面曲率等地形地貌要素图；

分析地质、地形地貌、诱发条件等因素与历史灾害之间相关性；

根据各因素对山地灾害之间的相关性，进行山地灾害危险性区划。

2）贫困脆弱性评价

建立贫困脆弱性指标库；

分别选择贫困暴露性指标和贫困应对能力指标；

进行贫困脆弱性区划；

3）山地灾害致贫风险评价

建立山地灾害致贫风险评价模型；

进行山地灾害致贫风险评价，得到山地灾害致贫风险分布图（图4-51）。

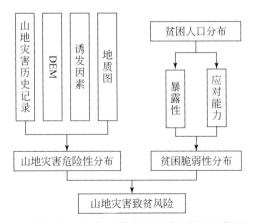

图4-51　山地灾害致使贫困风险评价流程框图

4.4.2　贫困及贫困风险

恩施州经济发展程度相对全国比较落后，是典型的"集中连片特困地区"。目前全州贫困人口153.7万人，约占全省贫困人口的五分之一，占全州总人口的三分之一（恩施晚报，2012）。从各县贫困人口分布来看，来凤县与建始县扶贫低保户数量最多（图4-52）；利川县与恩施市扶贫户的绝对数量最多，鹤峰县与来凤县较少（图4-53），其贫困受到多方关注（新华网湖北频道，2013）。

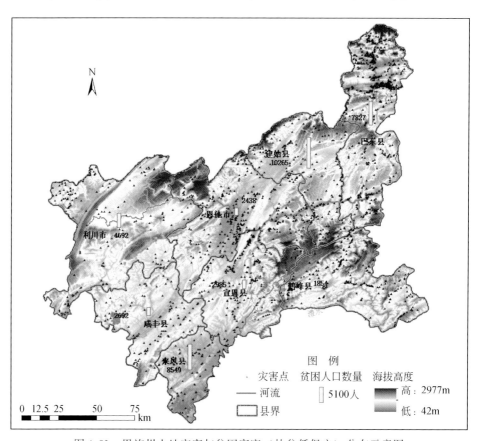

图4-52　恩施州山地灾害与贫困家庭（扶贫低保户）分布示意图

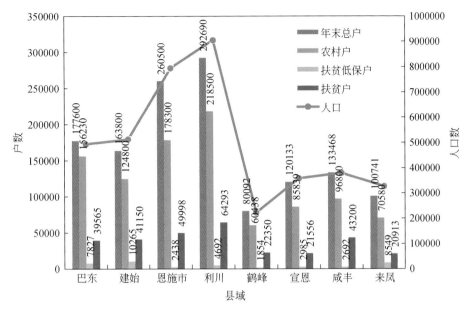

图 4-53　恩施州贫困人口统计图（民政部 2013 年统计数据）

4.4.3　山地灾害危险性

4.4.3.1　影响因子分析

山地灾害孕灾因子一般分两类：地形地貌和地层岩性。地形地貌因子包括高程、坡向、坡度等。根据前文对山地灾害的形成条件的分析（4.2.4.5 节中的"形成条件"），可以得到上述因子在山地灾害中所起的作用。

4.4.3.2　灾害易发性

对山地灾害的易发性评价方法较多，包括专家经验法、物理模型法、统计学方法等，频率比例法（公式 4-2）是统计学方法中最为快捷而有效的方法（Günther Meinrath，2008），多位学者将此方法应用于山地灾害的易发性评价中（Saro Lee and Talib，2005，张建强等，2013），取得较好的评价结果。其评价模型为：

$$LSI = \sum Fr \tag{4-2}$$

式中，LSI 为山地灾害易发度，Fr 为在每一个因子分段内山地灾害的密度。

易发性结果（图 4-54）表明，恩施州山地灾害易发性受地形影响更大，高易发区主要集中在山谷区，这些区域受河流的侵蚀，地形较为陡峭，同时人类活动较为剧烈，道路、农田在这些区域分布较多。灾害易发区主要集中于巴东县长江北岸、恩施市清江两岸和来凤县的酉水北岸。

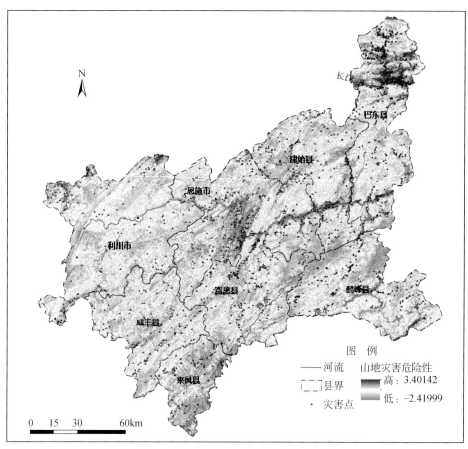

图 4-54　恩施州山地灾害易发性评价图

4.4.3.3　山地灾害危险性

山地灾害危险性评价模型较多（Robin Fell et al.，2008），此处采用确定性系数模型（Lan et al.，2003）对山地灾害影响因子分析（David Heckerman，1985），CF 作为一个概率函数，表示为：

$$CF = \begin{cases} \dfrac{PP_a - PP_s}{PP_a(1 - PP_s)} & \text{if } \quad PP_a \geqslant PP_s \\[3mm] \dfrac{PP_a - PP_s}{PP_s(1 - PP_a)} & \text{if } \quad PP_a \leqslant PP_s \end{cases} \tag{4-3}$$

式中，PP_a 为山地灾害在该因子分段的发生密度，代表崩塌滑坡在某一因子分段内的发生概率；PP_s 为山地灾害在整个研究区的发生密度，代表山地灾害在全区的发生概率。

在进行 CF 值计算时，首先将因子数据层（如地形因子、地层岩性、距震中的距离等）按一定规则划分为不同的等级或类别，然后利用山地灾害分布数据，计算因子层不同等级或类别中山地灾害的密度。最后，由式（4-3）进行 CF 的计算，确定因子层的每一数据类对于山地灾害发生的影响程度。CF 值的变化区间为 $[-1, 1]$，当 CF 值大于 0 时，表示山地灾害发生的可能性较高；当 CF 值小于 0 时，则表示山地灾害发生的可能性较低；CF 值等于 0 时，山地灾害发生与不发生的概率很接近。

在山地灾害致灾因素中，考虑的本底因素为：地形地貌和地质因素。灾害诱发因素一般包括地震、降雨和人为活动等，此处由于获取的灾害记录中缺乏灾害发生时间，难以与降雨进行相关分析，因此未评价降雨因素。而研究区地震活动较少，因此适当考虑了人为活动因素。进一步的细分指标，地形地貌因素划分为高程、坡度、坡形、距河流距离；地质因素中分为地层、距断裂距离；人为活动中从数据提取的角度考虑距交通干线距离和土地利用等共 2 级 8 个指标，以频率比例法计算山地灾害危险性 H_m。

$$H_m = \sum CF \tag{4-4}$$

统计各指标中灾害出现频率，并以此计算各因素权重。各指标权重及数据来源见表 4-3，灾害数据来源于恩施州 2006 年地质调查数据，包括 496 处崩塌、3121 处滑坡和 102 处泥石流的灾害位置与规模。

表 4-3　恩施州山地灾害危险性评价指标及数据来源

指标名称			数据来源	数据描述
一级指标（权重）	二级指标	权重		
地形地貌 0.6571	高程	0.0312	ASTER GDEM	分辨率为 30m×30m
	坡度	0.4301	ASTER GDEM	由 GDEM 导出
	坡型	0.1302	ASTER GDEM	由 GDEM 导出
	沟谷密度	0.0657	ASTER GDEM	由 GDEM 导出
地质 0.2746	地层岩性	0.0687	1∶50 万地质图	岩性类型
	断裂带距离	0.2060	1∶50 万地质图	由地质图断层导出
人类活动 0.0683	道路距离	0.0171	1∶10 万基础地理图	由道路图层计算
	土地利用	0.0512	Landsat TM	遥感影像提取

　　利用上述指标图层按权重叠加，得到研究区山地灾害危险性分布图（图4-55）。评价结果显示，恩施州山地灾害主要由地质环境条件决定，一定程度上受人类活动影响。本底因素中，地形影响最高。人类活动中主要以水电、道路、铁路等工程方式影响山地灾害的分布。其中，高、较危险区主要集中在山谷区和恩施州三大水系长江、清江、酉水及其支流的岸坡带，这些地带也是人口相对比较集中的地方，如果山地灾害发生，将更易导致贫困在内的山地灾害风险。

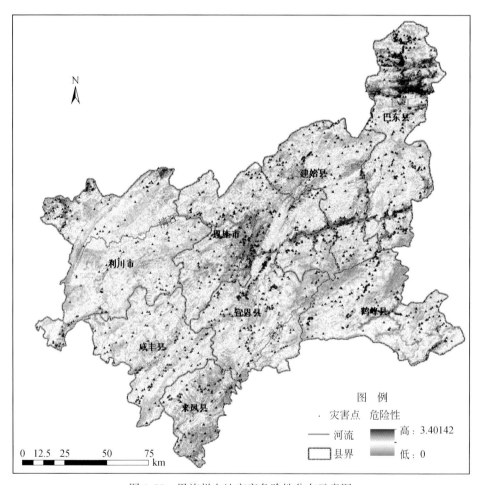

图4-55　恩施州山地灾害危险性分布示意图

4.4.4　贫困脆弱性

　　脆弱性区划由于社会系统的关联与复杂性，通常是一个定性与定量相结合的

过程。脆弱性一般可以分为社会、经济、生态环境及制度等不同领域的脆弱性
（石莉莉，2010）。按下式计算：

$$V_p = \frac{\sum C_i}{\sum E_j}\qquad(4\text{-}5)$$

式中，V_p 为贫困脆弱性，C_i 为区域 i 的暴露性指标，E_j 为区域 j 的应对能力指标。

暴露性指标包括：人口密度、经济密度、耕地覆盖率、道路密度等。

应对能力指标包括：社会应对能力（如基础设施完备性、医疗能力、房屋结构强度等指标）、经济应对能力（如人均 GDP、城市化率等指标）。

由于脆弱性的体系尚未达成统一，本文根据所收集到的数据选择如下三级两类指标：暴露性指标为"生态环境、脆弱人员、经济能力"，应对能力指标为"社会应灾能力、家庭应灾能力及应灾资金"三部分（表4-4）。

表4-4　恩施州贫困脆弱性指标

指标级别			数据处理说明
一级指标	二级指标	三级指标	
暴露性	生态环境	耕地密度	
	脆弱人员	贫困人口比率	贫困户/农村户
	经济能力	社会经济能力	GDP
应对能力	社会应灾能力	基础设施完备性	道路、医院、通讯等加权
	家庭应灾能力	房屋强度	修建年度和结构形式
	应灾资金	应灾资金	农民纯收入

脆弱性评价数据来源于民政部 2009～2013 年武陵山区各贫困县统计数据。其中，耕地密度=耕地面积/县域面积；贫困人口比率=扶贫户/农村人口户数；经济能力为各县 GDP；基础设施完备性由"通水泥沥青道路"、"卫生机构床数"、"通宽带网络户"三项原始数据加权得出，房屋强度由修建年度和结构形式加权得出（殷洁等，2013），抗灾能力为各县农业人口纯收入。

对于密度、比例类在（0，1）范围内数据未处理，超出范围或带单位数据如 GDP、农民纯收入等按式（4-6）进行无量纲化处理（石莉莉、乔建平，2009）后，按式（4-5）进行脆弱性评价（表4-5），并将评价结果展布于 1.2km×1.2km 网格化的行政区划图上（图4-56）。

$$S_i' = \frac{S_i - S_{min}}{S_{max} - S_{min}}\qquad(4\text{-}6)$$

式中，S_i' 为脆弱性指标 i 的无量纲值，S_i 为该指标原始数据，S_{min} 为该指标最小

值，S_{max} 为该指标最大值。

表4-5 恩施州贫困脆弱性数据表

县市	耕地密度	贫困人口比	GDP	基础设施	房屋强度	农民纯收入	脆弱性
巴东县	0.284471	0.2532	0.4793	0.6845	0.453659	0.7698	0.11
建始县	0.284767	0.3297	0.1590	0.7045	0.466610	0.0000	0.14
恩施市	0.289606	0.2804	1.0000	0.6712	0.414210	0.0080	0.30
利川市	0.271713	0.2942	0.6076	0.8275	0.434373	0.7869	0.12
鹤峰县	0.187099	0.3698	0.0000	0.1858	0.673524	1.0000	0.06
宣恩县	0.323984	0.2511	0.0745	0.6164	0.771706	0.7446	0.06
咸丰县	0.326294	0.4463	0.2044	0.0561	0.713088	0.7766	0.13
来凤县	0.378903	0.2963	0.0850	0.5427	0.623655	0.7468	0.08

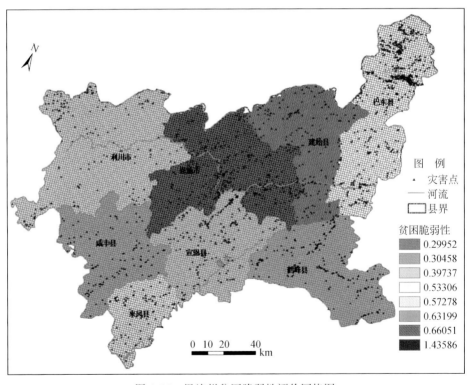

图4-56 恩施州贫困脆弱性评价网格图

脆弱性评价结果显示，恩施市贫困脆弱性最高，其GDP指标在各县中最高，导致暴露性指标较高，而农民纯收入在各县中极低，从而导致恩施市的贫困脆弱性最高。建始县由于农民纯收入最低，在各县中排名最后，导致归一化后数据为0；而暴露性指标耕地密度中，贫困人口比例较低，导致脆弱性次高。鹤峰县耕地密度、GDP 均是最低，但农民纯收入最高，房屋结构等级最高；宣恩县耕地密度较大，贫困人口比率最低，GDP 较次低，但基础设施较好，房屋结构等级次高，农民纯收入最高，此二县由于应对能力指标较高，导致贫困脆弱性排名最低。

4.4.5　山地灾害致贫风险

利用山地灾害危险性与贫困脆弱性数据按公式（4-7）计算，得到恩施州山地灾害致贫风险的分布图（图 4-57），为强化风险差别并方便基层人员查看、使用，以自然断点法对评价结果进行 5 级划分，可以得到山地灾害致贫风险分级图（图 4-58）。

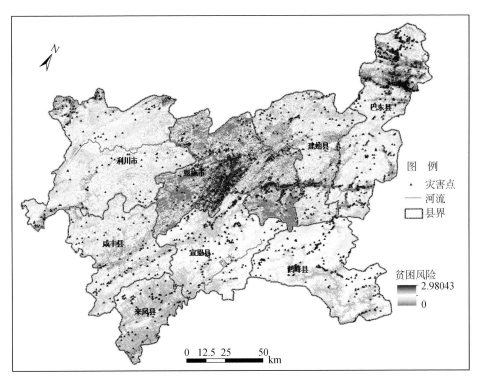

图 4-57　恩施州山地灾害致使贫困风险布图

评价结果显示，恩施州山地灾害致贫风险整体水平较高（表 4-6），中—高致贫风险等级比例占全州 78.2%，反映了该地区山地灾害的严重性和贫困脆弱性较

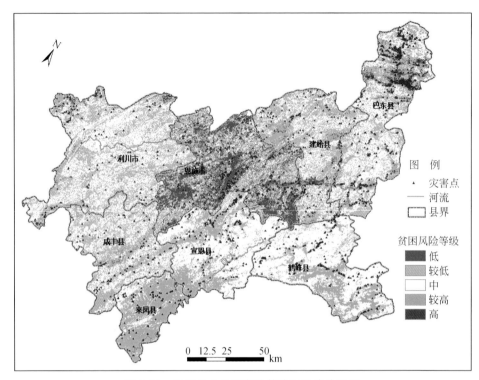

图 4-58　恩施州山地灾害致使贫困风险分级图

高的事实。从空间分布上看,高风险区主要分布于巴东县长江北岸谷地、恩施市、建始县清江流域;建始县大部、来凤县大部和鹤峰县部分地区贫困风险等级较高。全州多数贫困及贫困边缘人口暴露在山地灾害的危险之中,存在贫困加深、致贫、返贫等不同程度风险之中,扶贫与减灾任务需要得到扶贫与管理部门的持续关注(田宏岭、张建强,2016)。

表 4-6　山地灾害致贫风险分级比例统计表

级别	格网数目	比例
低	10415	3.6%
中低	52157	18.2%
中	122501	42.7%
中高	87094	30.3%
高	15005	5.2%

4.5 武陵山区山地灾害与贫困关系再审视

4.3 节中已经对贫困特点进行了分析与总结，完成山地灾害致贫风险后，重新审视贫困与山地灾害之间关系，可以发现有以下现象。

4.5.1 贫困地区的生态脆弱，灾害易发、多发

从脆弱性的视角看，生态脆弱与灾害发生之间、灾害与贫困之间具有密切的联系。生态脆弱地区更容易招致灾害的发生，从而也更可能走向贫穷。从社会历史发展的范畴看，贫困人群往往居住在生态和环境脆弱的地区，即脆弱性较强的社区。二者的叠加致使贫困人口的脆弱性愈强，脆弱性强更易引发灾害；困难社区更易发生灾害，灾害加剧了困难社区的贫困程度。

4.5.2 抗灾能力弱，更易加深贫困

从现实的范畴看，在灾害发生前、发生中、发生后三个阶段，贫困人口的抗灾能力较差，导致贫困程度越来越深。

在灾害发生前，集中连片少数民族困难社区的防灾可行能力差，主要表现为经济结构单一、人力资本不足、避灾知识缺乏、灾害信息不畅、村级组织不力、防灾意识淡薄、农户实力有限等。

1）农业结构单一，物资基础薄弱

武陵山区困难社区的农业结构失衡，农作物单一且产量低、效益差。由此导致的困难社区的经济结构单一，遭灾的风险较大；物资基础薄弱，防灾的可行能力差。

2）教育程度偏低，人力资本不足

一方面，教育程度普遍偏低。导致理解接受避灾科技知识的能力的缺失或低下，避灾的科技知识较为缺乏。

另一方面，思想观念整体落后，影响可行能力。人力资本不足，致使防灾的可行能力差。

3）建筑抗灾能力差

困难社区住房破旧、建筑标准低无、质量差，导致生存环境恶劣，抵御灾害的能力相对欠缺。

武陵山区的住房普遍年代久远、构造简单。一旦发生地震、滑坡、泥石流等灾害，房屋受到冲击或破坏，抵御灾害的能力较差。

4）经济基础差，应灾能力弱

武陵山区困难社区的经济基础差，导致减灾的可行能力弱。

4.5.3　灾后重建能力低

在灾害发生后，贫困户重建能力低，主要表现为可用资金和物资少、外界援助进入难、原有基础破坏严重、恢复重建难度大、产业恢复时间长等。

1）经济基础差，灾害发生后可用资金和物资少

一是困难社区人均收入低，二是困难社区农户结余少。一旦发生灾害，可用的资金和物资较少，集中连片少数民族困难社区重建的可行能力不足，重建的任务艰巨。

2）基础设施差，灾害发生后外界援助进入难

一是公路通达、通畅的水平较低，二是通电、通讯等生活服务设施建设水平较低。电话的拥有率低，信号差，而且时有中断。基础设施较差将导致，一旦发生灾害，很难与外界取得联系，外界援助很难进入现场，集中连片区少数民族困难社区重建的可行能力不足，重建的难度较大。

4.5.4　灾后贫困进一步加剧

1）灾后贫困加剧

武陵山区自然生态环境脆弱，一旦发生灾害，就会进一步加大困难社区的脆弱性、降低贫困户的经济能力。如果不对发生灾害的贫困户进行及时补救、恢复重建，并进行有效的灾害风险管理，这些发生灾害后的贫困户将会进一步加深困难程度，其更大的脆弱性和更低的可行能力又会招致灾害的再次发生，形成恶性循环，可导致贫困户更加贫困。

2）脱贫户再次返贫

虽然武陵山区的困难社区经常遭受灾害的袭击，但是也有部分村民在两次严重灾害的间隙中逐渐恢复而趋向脱贫。由于缺乏有效的灾害风险管理援助及自助机制和措施，村庄很容易再次遭遇灾害的袭击，有时会使村民的生活难以为继，返贫现象突出。

通过上述分析，进一步验证了贫困与山地灾害的互动性，即不仅仅山地灾害导致贫困的产生或加剧，贫困同样存在着对山地灾害的反作用。

第5章 山地灾害监测预警

5.1 基于遥感方法的山地灾害监测

前文已提及，山地灾害的遥感监测根据尺度的不同采用不同的数据源，此处以武陵山区影响较大的两处山地灾害：武隆县羊角滑坡和武隆鸡尾山滑坡为例（图5-1、图5-2），利用无人机遥感在内的不同遥感数据源结合地面调查进行灾害的遥感监测。

5.1.1 武隆县羊角滑坡

羊角镇隶属于重庆市武隆县，位于乌江中游峡谷的相对宽缓地段。羊角镇上距武隆县城17km，向下游经白马、白涛到涪陵乌江进入长江，对外交通主要依靠319国道和乌江航运。羊角镇镇政府、羊角镇朝阳村、青山村以及捷利化工厂和羊角镇水泥厂等多家厂矿企事业单位坐落在羊角古、老崩滑堆积体上（刘传正，2013），涉及人口7700余人。

滑坡区滑坡台地地貌特征均较明显，分别在高程510～540m、420～450m、310～340m左右形成三级较宽缓的台地。滑坡区斜坡坡角一般为2°～13°，斜坡上多被垦植农用，多处为经人工改造的平台和梯田。斜坡内发育多条冲沟，后期改造严重，地形较破碎。滑坡区西侧前缘为羊角滩滑坡舌，已深入乌江河谷中，使乌江河床改道，形成有名的羊角碛险滩（图5-3）。

据包雄斌等推断，羊角滑坡经历过两次大规模滑动：第一次对应的是羊角滑坡的整体滑动，滑坡堆积体前沿对应于高程200～210m，与乌江Ⅰ级阶地的基座形成时间相对应，距今约0.66万年前。第二次对应的是羊角镇滑坡的滑动，滑坡堆积体覆盖了地表高程150～160m的粉质黏土夹砂卵砾石老河床冲积物（包雄斌等，2008）。

羊角区域地质历史上属于崩塌滑坡发育区，现已演化为相对稳定的斜坡。目前的危险主要来自南山陡崖下采矿形成的开裂变形危岩带（图5-4）。危岩体主要出现在南山陡崖，特别是其西侧段，分布有大、小规模危岩体数十处，尤其以朱

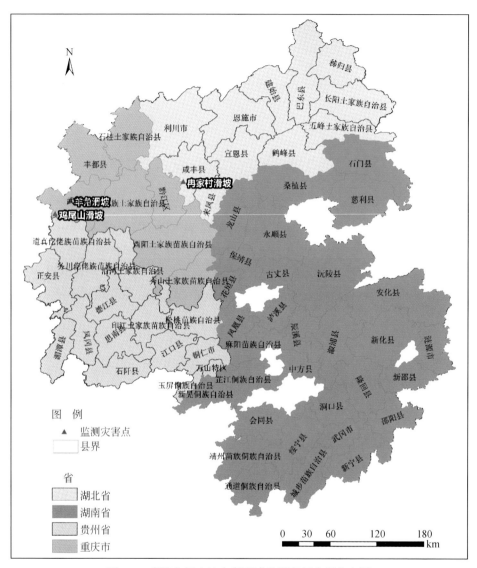

图 5-1　武陵山区山地灾害遥感监测实例位置分布图

家湾—小湾—观音洞一线最为突出（图 5-5）。

　　重庆市各级政府根据羊角滑坡的实际情况，先后组织专家进行多次论证，2013 年 1 月，武隆县人民政府发布公告，根据羊角镇滑坡形势，对滑坡范围内的居民进行整体搬迁处理（武隆县人民政府，2013）。

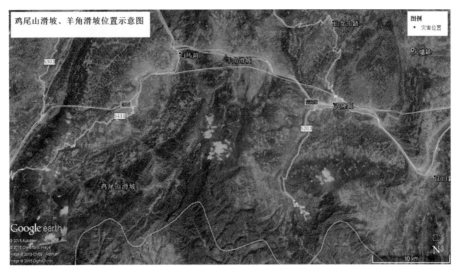

图 5-2　羊角滑坡、鸡尾山滑坡位置示意图（Google Earth）

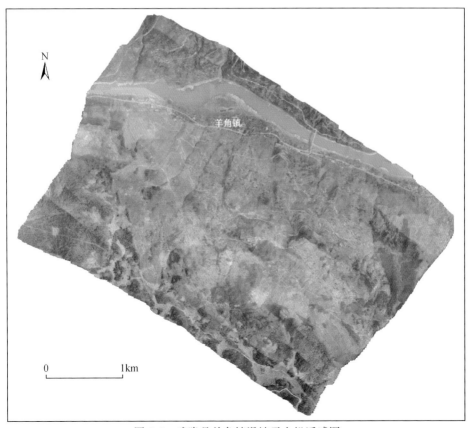

图 5-3　武隆县羊角镇滑坡无人机遥感图

图 5-4　武隆县羊角镇滑坡无人机遥感 3D 合成图

上图拍摄日期 2010-09-19，下图拍摄日期 2013-06-04

5.1.2　武隆县铁匠乡鸡尾山滑坡

2009 年 6 月 5 日发生的鸡尾山滑坡，同样跟人类活动有关。该滑坡位于重庆市武隆县铁匠乡鸡尾山。由于该滑坡的规模大，影响广，有多篇文献对该滑坡进

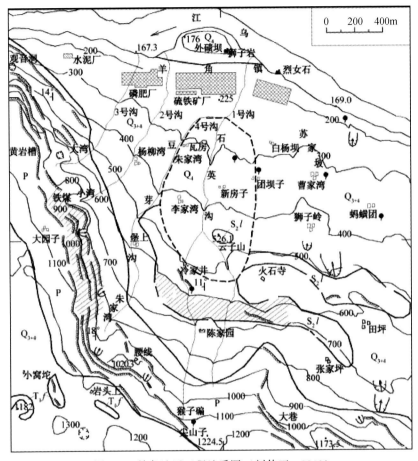

图5-5 羊角地区工程地质图（刘传正，2013）

行了研究分析（高杨等，2013；刘传正，2010）。

1）灾前遥感

鸡尾山山脉呈 NEE（N55°E）向展布，总体地形为东北高西南低，呈单面山斜坡（地形坡度角一般为 20°～40°），陡崖发育（陡崖高度为 50～150m）；最高点标高 1442m，最低点铁匠沟标高 1000m，相对高差 442m，属中山地貌，区域沟系为"V"字形（图5-6、图5-7）。

2）灾后遥感

根据航摄图像和滑坡前后 DEM 综合解译可知，滑坡发生后，在崩滑区形成长 626m，最宽 231m，平均宽 142m，最大深度 95.3m，平均深度 42m，面积 $7.25 \times 10^2 m^2$，体积 $305.9 \times 10^4 m^3$ 沟壑地形，滑坡体将其前方一突出的山体铲刮，铲刮的

图 5-6　鸡尾山滑坡照片（国土资源航空物探遥感中心）

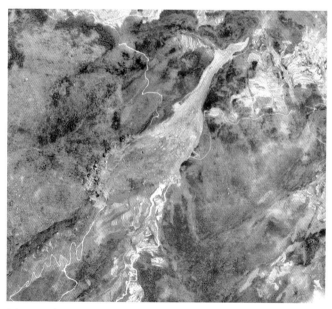

图 5-7　鸡尾山滑坡正射影像图（国土资源航空物探遥感中心）

最大厚度达 50m。该灾害遥感影像即使在 8 年之后，依然清晰可见（图 5-8）。

　　3）灾害损失

　　滑坡造成损失包括：掩埋了 12 户民房、山下 400m 外的铁矿矿井入口，共造成 26 人死亡，78 人失踪（含矿井内 27 名矿工），8 人受伤，直接经济损失超过 6

图 5-8　鸡尾山滑坡遥感影像（2014-12-29）

亿元。

5.1.3　小结

上述滑坡中，武隆鸡尾山滑坡由人类采矿活动加剧、诱发，羊角滑坡是古滑坡体上发育的崩塌、危岩体。根据武陵山区的山地灾害成灾规律和易发性区划上都可以看出，本区域的山地灾害易发程度有限，更主要是人类工程活动对山地灾害的诱发作用，这也是扶贫时需要注意的问题，即如何实现降低贫困，又能保持贫困地区的可持续发展。

5.2　基于降雨方法的宏观山地灾害趋势预警

本研究对于武陵山区如此大范围的地区进行山地灾害预警，为区域尺度的研究，是对研究区范围内的山地灾害趋势进行预警。由于本研究主要利用遥感技术，亦同样决定了本研究主要适用于区域尺度。至于影响到具体的贫困人口、家庭的特定山地灾害点的预报，则是基于特定灾害点，利用岩土体理论分析才能实现，后面将在研究示范区山地灾害预警时给予例证。

武陵山区山地灾害预警体系按区域尺度进行山地灾害预警，分为空间预警和时间预警。其中，空间预警是进行山地灾害预警的基础，只有知道了灾害的发生位置，其时间预警才有意义。

5.2.1　空间预警——易发性区划

目前对灾害的空间预警主要是基于历史数据进行的易发性评价。前述章节中已经对易发性进行过论述，此处仅对山地灾害的空间易发性区划所采用的评价模型——层次分析法进行介绍。

当前的山地灾害易发性区划用于大尺度主要以历史灾害记录进行统计分析为主，其他如确定性模型等主要适用于小尺度流域内评价；但由于武陵山区研究范围广、分属多个行政区域，存在数据获取的困难，因此在对全区进行山地灾害易发性评价时采用了层次分析法。

层次分析法，将多种因子之间的比较，转换为两两因子的比较。通过对相关专家咨询，已有研究成果和资料的参阅，以及对崩塌滑坡分布规律的分析，比较两两因子相比的重要程度，对因子进行赋值，从而建立因子重要性的判断矩阵。进而使用层次分析的算法，计算得出每个因子的权重，建立起多因子的崩塌滑坡敏感性评价模型。

使用层次分析法在建模时，将因子划分为两个层次（表5-1），其中第一个层次即为一级指标，包括地貌、地质和人类活动三个指标，而第二个层次即为二级指标，地貌指标包括高程、坡度、坡向、坡型和沟谷密度等指标；地质指标主要包括地层、岩性和距断裂带距离；人类活动指标则选取距道路距离。

表5-1　武陵山地质灾害易发性评价指标及数据来源

指标名称		数据来源	数据描述
一级指标	二级指标		
地貌	高程	ASTER GDEM	分辨率为30m×30m
	坡度	ASTER GDEM	由GDEM计算
	坡向	ASTER GDEM	由GDEM计算
	坡型	ASTER GDEM	由GDEM计算
	沟谷密度	ASTER GDEM	由GDEM计算
地质	地层岩性	1∶50万地质图	岩性类型
	断裂带距离	1∶50万地质图	由地质图断层数据计算
人类活动	道路距离	1∶10万基础地理图	由道路图层计算
	土地利用	Landsat TM	遥感影像提取

首先对第一层次的三个指标两两进行重要性的对比，建立判断矩阵，判断矩阵的标度参考表5-2。而后对每个一级指标内的二级指标进行两两比较，分别建立判断矩阵，通过运算，获取各个因子的权重（图5-9）。

表 5-2　判断矩阵比例标度

因素比	量化值
同等重要	1
稍微重要	3
较强重要	5
强烈重要	7
极端重要	9
两相邻判断的中间值	2，4，6，8

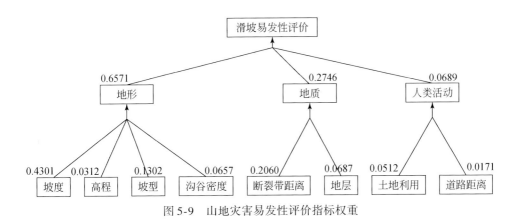

图 5-9　山地灾害易发性评价指标权重

　　根据权重分析，武陵山区的山地灾害易发性主要受地形影响。以此权重得到的武陵山区全区山地灾害易发性评价图（图 5-10）。为了使用上的方便，通常会将连续值的易发性区划图按不同方法进行分级（图 5-11）。统计各级在全区所占比例可以看出，主要为易发程度低和无地质灾害分区（表 5-3）。可以看出高易发区域主要为地形起伏较大的山脉区域。其次为地质因素，由于地层因素的权重较低，与断裂带距离在图上难以体现，因此受地层因素影响的结果在图上并不如地形明显。受人类影响程度最低（仅限于当前资料研究结果）。

　　具体的影响因素重要性顺序为：坡度、断裂带距离、坡型、地层、沟谷密度、土地利用、高程及道路距离。

表 5-3　武陵山区山地灾害易发性分区统计

易发程度	面积/km²	比例/%
高	6 950.13	4.00
中	31 481.65	18.08
低	75 101.59	43.12
无	60 604.59	34.80

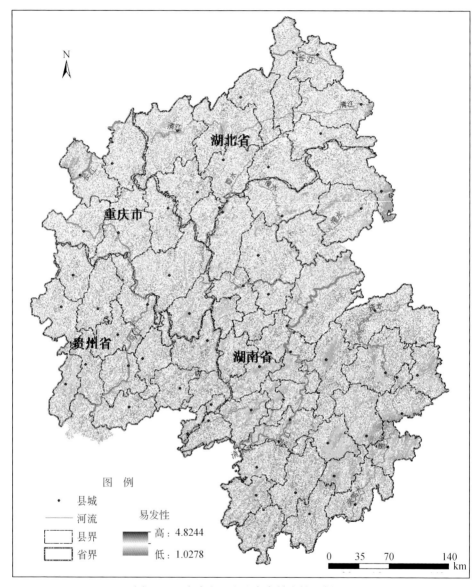

图 5-10　武陵山区山地灾害易发性区划图

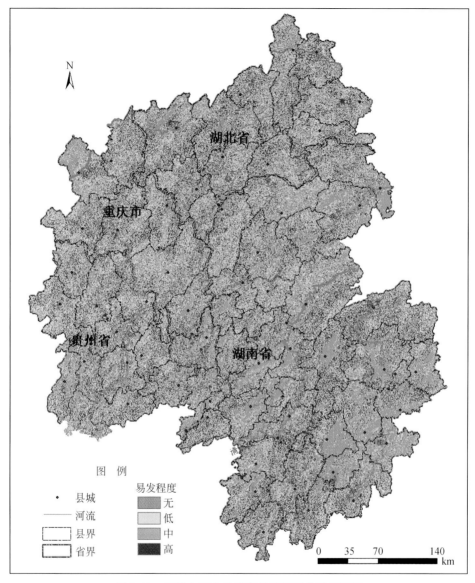

图 5-11 武陵山区山地灾害易发程度分级区划图

5.2.2 时间预警——基于降水诱发

区域滑坡时间预警,其主要方法是利用易发性评价进行空间预测的基础上,寻找诱发因素与山地灾害活动性之间的关系,如建立滑坡与降雨量和降雨强度的关系,确定激发降雨量和强度临界值。根据诱发因素的实时动态信息确定灾害在未来可能发生的时间区段,为提前采取必要的预防措施提供科学依据。上述方法已在沐川（Tian and Qiao，2009；Tian et al，2007）、米易（Tian et al，2009；田宏岭等，2009）、万州（田宏岭，2007；杨宗佶，2009）等多处得到成功应用。

5.2.2.1　基本原理

降雨，尤其是暴雨是山地灾害最重要的触发因素，大量的滑坡、泥石流发生在大雨、久雨及特大暴雨之后。它的时空分布，受降雨地区及降雨时间的控制。雨量越大的地区山地灾害越发育，且山地灾害剧烈活动的时间与降雨时间相吻合或略滞后。但"雨量越大的地区山地灾害越发育"只是一个笼统的概念，没有确切的"量"的指标，无法对山地灾害预测预报工作进行指导。按照孔隙水压力理论，降雨型山地灾害是在坡体地下水位达到斜坡失稳的临界状态时发生的，而大多数斜坡的地下水位都受控于降雨的补给量，因此可以按照降雨量来间接进行山地灾害预报。

5.2.2.2　预警模型

地质灾害发育是受内外因共同作用的结果，内因主要是指孕灾背景因素，主要用易发度区划来表现；外因主要是降雨等触发因素，主要以降雨量和降雨概率来表现，对降雨型地质灾害来说，降雨和孕灾背景二者缺一不可。

山地灾害与当日降雨量和前期雨量均有关，雨量与山地灾害发生的关系更密切，在降雨与山地灾害的相关性研究中，通过山地灾害与降雨（主要降雨数据和灾害记录以湖北省恩施州为主，适当参考其他地区降雨与灾害相关性分析）的统计分析我们得出了山地灾害当天和山地灾害前4d的降雨量（占降雨型山地灾害总数的92%）与山地灾害的发生最为密切的结论。因此我们可以确定山地灾害发生的有效降雨量公式的自变量。

设研究区降雨山地灾害发生的有效降雨量公式直接作为计算概率的方程：

$$p = R_0 + k_1R_1 + k_2R_2 + k_3R_3 + k_4R_4 \qquad (5-1)$$

然而因变量讨论的问题是：在一定的降雨条件下，山地灾害是否发生。而灾害的发生与不发生可以作为分类因变量。由于不是连续变量，线性回归将不适用于推导此类自变量和因变量之间的关系。其特点是因变量只有两个值，发生（1）或者不发生（0），这就要求建立的模型必须保证因变量的取值为"1"或"0"。

以上方程计算时常会出现 $P>1$ 不合理情形，这种情况下，通常采用对数线性模型（Log-linear Model）。而 Logistic 回归模型就是对数线性模型的一种特殊形式。Binary logistic 回归模型可以用来预测具有两分特点的因变量概率，符合建模要求。

1）Logistic 回归模型

对于包含一个自变量的 Binary logistic 回归模型可以写为：

$$P = \frac{e^p}{1 + e^p} \text{ 或 } P = \frac{1}{1 + e^{-p}} \qquad (5\text{-}2)$$

式中, $p = B_0 + B_1X_1 + B_2X_2 + \cdots B_nX_n$;

p 为观测量相对于某一事件的发生的概率;

B 为相关系数。

2) Logistic 回归系数

为了理解 Logistic 回归系数的含义, 可以将方程式重新写为某一事件发生的比率, 一个事件的比率被定义为它发生的可能性与不发生的可能性之比。

首先把 Logistic 方程写作几率的对数, 命名为 Logit P。

$$\text{Logit}P = iog\left(\frac{\text{Prob}(event)}{\text{Prob}(noevent)}\right) = B_0 + B_1X_1 + B_2X_2 + \cdots B_nX_n \qquad (5\text{-}3)$$

可以看出, Logistic 方程的回归系数可以解释为一个单位的自变量的变化所引起的几率的对数的改变值。由于理解几率要比理解几率的对数容易一些所以将 Logistic 方程式写为:

$$\frac{\text{Prob}(event)}{\text{Prob}(noevent)} = e^{B_0 + B_1X_1 + B_2X_2 + \cdots B_nX_n} \qquad (5\text{-}4)$$

当第 i 个自变量发生一个单位的变化时, 几率的变化值为 Exp (B_i)。自变量的系数为正值, 意味着事件发生的几率会增加, Exp (B_i) 的值大于 1; 如果自变量的系数为负值, 意味着事件发生的几率将会减少, 此值小于 1; 当 B_0 为 0 时, 此值等于 1。

3) 回归模型的检验

建立模型后, 需要判断拟合的优劣。本文将数据分成两部分, 用一部分数据建立回归方程, 再将另一部分数据带入方程, 评定模型对数据的拟合情况。

(1) 回归系数的显著性检验

回归系数的显著性检验的目的是逐个检验模型中各解释变量是否与 Log$P$ 有显著的线性相关, 采用的是 Wald 检验统计量。Wald 检验统计量服从自由度为 1 的卡方分布, 其值为回归系数与其标准误差比值的平方。

(2) 回归方程的拟合优度检验

判别模型与样本的拟合程度是判别模型优劣的一种方法, 常用的指标有 Cox&Snell R^2 统计量和 Nagelkerlke R^2 统计量。

Cox&Snell R^2 统计量与一般线性回归分析中的 R_Z 有相似之处, 也是方程对被解释变量变差解释程度的反映, 其数学定义是:

$$\text{Cox\&Snell}R^2 = 1 - \left(\frac{L_0}{L}\right)^{\frac{2}{n}} \qquad (5\text{-}5)$$

Nagelkerlke R^2 统计量是修正的 Cox&Snell R^2 统计量，也是反映方程对被解释变量变差解释的程度，其数学定义为：

$$\text{Nagelkerlke} R^2 = \frac{\text{Cox\&Snell} R^2}{1 - L_0^{\frac{2}{n}}} \tag{5-6}$$

Nagelkerlke R^2 的取值范围为 0～1，越接近 1，说明方程的拟合优度越高。越接近于 0，说明方程的拟合优度越低。

为此要对 P 作对数单位转换，设 P 为某事发生的概率，取值范围为 [0，1]。$1-P$ 即为该事件不发生的概率，将其二者比值取自然对数，即令 $\text{logit} P = \ln(P/1-P)$。

于是降雨引发山地灾害概率可以改写为：

$$P(L \mid R) = \frac{\exp(R_0 + k_1 R_1 + k_2 R_2 + k_3 R_3 + k_4 R_4)}{1 + \exp(R_0 + k_1 R_1 + k_2 R_2 + k_3 R_3 + k_4 R_4)} \tag{5-7}$$

为了确定山地灾害发生前几日的降雨量对山地灾害发生产生的影响，各自影响有多大，选取研究区内具有灾害发生时间及降雨记录相对应的灾害点（1998 年 6～8 月一个连续的山地灾害集中发育，共计 57 个样本点，其中山地灾害发生天数 14 天）的时段数据，建立数据表（表 5-4），利用逻辑回归模型求取每日降雨量与山地灾害发生的相关系数。因变量为是否有山地灾害发生，当日有山地灾害发生定义为"1"，没有山地灾害发生，定义为"0"。自变量为山地灾害发生前每日的降雨量，选取当日降雨量（0d 降雨量）、前 1 天降雨量（1d 降雨量）、前 2 天降雨量（2d 降雨量）、前 3 天降雨量（3d 降雨量）、前 4 天降雨量（4d 降雨量），将这些降雨量数据导入 SPSS 统计分析软件，计算各天前期降雨量与山地灾害之间的关系及每天降雨对山地灾害发生的影响，从而确定方程的各个系数 k。为了通过回归分析得到山地灾害前各天降雨量对山地灾害的影响程度大小，运用回归模型中对自变量进行自动筛选方法——Backward（向后法）来对各个自变量进行筛选，通过筛选和剔除变量的变化情况，来分析山地灾害前每一天降雨对山地灾害的影响。

表 5-4　1998 年 6～8 月山地灾害及前期降雨量数据

时间	是否山地灾害	0 d	1 d	2 d	3 d	4 d	时间	是否山地灾害	0 d	1 d	2 d	3 d	4 d
19980622	0	5	0	0	0	15	19980625	1	1	1	39	5	0
19980623	0	39	5	0	0	0	19980626	0	0	1	1	39	5
19980624	0	1	39	5	0	0	19980627	0	0	0	1	1	39

续表

时间	是否山地灾害	0 d	1 d	2 d	3 d	4 d	时间	是否山地灾害	0 d	1 d	2 d	3 d	4 d
19980628	0	55	0	0	1	1	19980724	0	0	2	34	15	29
19980629	1	57	55	0	0	1	19980725	0	0	0	2	34	15
19980630	0	0	57	55	0	0	19980726	0	0	0	0	2	34
19980701	1	53	0	57	55	0	19980727	0	0	0	0	0	2
19980702	0	37	53	0	57	55	19980728	0	0	0	0	0	0
19980703	0	0	37	53	0	57	19980729	0	4	0	0	0	0
19980704	0	0	0	37	53	0	19980730	0	0	4	0	0	0
19980705	0	0	0	0	37	53	19980731	0	0	0	4	0	0
19980706	0	0	0	0	0	37	19980801	0	0	0	0	4	0
19980707	0	0	0	0	0	0	19980802	0	15	0	0	0	4
19980708	0	0	0	0	0	0	19980803	0	10	15	0	0	0
19980709	0	0	0	0	0	0	19980804	0	0	10	15	0	0
19980710	0	0	0	0	0	0	19980805	0	5	0	10	15	0
19980711	0	4	0	0	0	0	19980806	0	35	5	0	10	15
19980712	0	0	4	0	0	0	19980807	0	0	35	5	0	10
19980713	0	0	0	4	0	0	19980808	0	2	0	35	5	0
19980714	0	0	0	0	4	0	19980809	1	20	2	0	35	5
19980715	0	0	0	0	0	4	19980810	1	28	20	2	0	35
19980716	0	8	0	0	0	0	19980811	1	78	28	20	2	0
19980717	1	22	8	0	0	0	19980812	1	24	78	28	20	2
19980718	0	0	22	8	0	0	19980813	0	0	24	78	28	20
19980719	0	0	0	22	8	0	19980814	0	3	0	24	78	28
19980720	0	29	0	0	22	8	19980815	1	42	3	0	24	78
19980721	1	15	29	0	0	22	19980816	1	50	42	3	0	24
19980722	1	34	15	29	0	0	19980817	1	1	50	42	3	0
19980723	1	2	34	15	29	0							

　　将数据导入 SPSS 系统，将"是否山地灾害"作为二分类的应变量，将"当日雨量"、"前 1 日雨量"……"前 4 日雨量"作为自变量全部导入，然后选择 Backward（向后法）作为筛选变量的方法。

　　通过 SPSS 软件对基础数据的分析计算，可以看到以下分析结果（表5-5）。

表 5-5　记录处理情况汇总

Unweighted Cases[①]		N	Percent
Selected Cases	Included in Analysis Missing Cases Total	57	100. 0
		0	0. 0
		57	100. 0
Unselected Cases Total		0	0. 0
		57	100. 0

①If weight is in effect, see clasification table for the total number of cases.

表 5-5 为记录处理情况汇总，即有多少例记录被纳入了下面的分析，可见此处因不存在缺失值，57 条记录均纳入了分析。

表 5-6　模型全局检验表

		Chi-square	df	Sig.
Step1	Step	23. 205	5	0. 000
	Block	23. 205	5	0. 000
	Model	23. 205	5	0. 000
Step2[①]	Step	−0. 017	1	0. 897
	Block	23. 189	4	0. 000
	Model	23. 189	4	0. 000
Step3[①]	Step	−0. 121	1	0. 727
	Block	23. 067	3	0. 000
	Model	23. 067	3	0. 000
Step4[①]	Step	−0. 926	1	0. 336
	Block	22. 141	2	0. 000
	Model	22. 141	2	0. 000

①A negative Chi-squares value indicates that the Chi-squares value has decreased from the previous step.

表 5-6 为全局检验，对每一步都作了 Step、Block 和 Model 的检验，从检验结果可以看到全部步骤的检验都是有意义的。

表 5-7　拟合度检验表

Step	−2 Log likelihood	Cox & Snell R Square	Nagelkerke R Square
1	40. 346[①]	0. 334	0. 498
2	40. 362[①]	0. 334	0. 497

续表

Step	-2 Log likelihood	Cox & Snell R Square	Nagelkerke R Square
3	40.484[①]	0.333	0.495
4	41.410[①]	0.322	0.479

①Estimation terminated at iteration number 5 becaus parameter estimates changed by less than .001.

表 5-7 中的 Cox&nell R_2 和 Nagelkerke R_2 统计量，体现了回归模型所能解释的因变量变异的大小。Cox&nell R_2 和 Nagelkerke R_2 不断下降是因为采用的是向后法，即每一步删除一个变量，随分析步骤的进行和对各变量的删除和筛选。

表5-8　模型预测检验分类表[①]

	Observed		Predicted		
			是否滑坡		Percentage Correct
			0.00	1.00	
Step 1	是否滑坡	0.00	39	4	90.7
		1.00	8	6	42.9
	Overall Percentage				78.9
Step 2	是否滑坡	0.00	39	4	90.7
		1.00	8	6	42.9
	Overall Percentage				82.5
Step 3	是否滑坡	0.00	40	3	93.0
		1.00	7	7	50.0
	Overall Percentage				82.5
Step 4	是否滑坡	0.00	40	3	93.0
		1.00	7	7	50.0
	Overall Percentage				82.5

①The cut value is .500.

表 5-8 为每一步的预测情况汇总，"最终观测量分类表"是包含常数项与自变量的模型，以概率值 0.5 作为山地灾害发生与否的分界点，得出的预测值与实际数据的比较表。从表中可以看到，随着步骤的增加，虽然对自变量进行了逐步剔除，但是预测结果并没有减小，而是在第 3 步和第 4 步达到了最优的预测结果。

表 5-9　模型变量及其系数汇总表

		B	S. E.	Wald	df	Sig.	Exp（B）
Step1[①]	当日雨量	0.073	0.024	9.102	1	0.003	1.076
	当1日雨量	0.037	0.022	2.788	1	0.095	1.038
	前2日雨量	0.021	0.021	0.916	1	0.339	1.021
	前3日雨量	−0.003	0.026	0.016	1	0.898	0.997
	前4日雨量	−0.006	0.021	0.068	1	0.767	0.994
	Constant	−2.973	0.734	16.386	1	0.000	0.051
Step2[①]	当日雨量	0.073	0.024	9.214	1	0.002	1.075
	前1日雨量	0.038	0.022	2.863	1	0.091	1.038
	前2日雨量	0.020	0.021	0.901	1	0.343	1.020
	前4日雨量	−0.007	0.020	0.119	1	0.730	0.993
	Constant	−2.986	0.729	16.782	1	0.000	0.050
Step3[①]	当日雨量	0.071	0.023	9.567	1	0.002	1.073
	前1日雨量	0.037	0.022	2.807	1	0.094	1.038
	前2日雨量	0.020	0.021	0.920	1	0.337	1.020
	Constant	−3.038	0.716	18.014	1	0.000	0.048
Step4[①]	当日雨量	0.067	0.022	9.595	1	0.002	1.069
	前1日雨量	0.045	0.021	4.682	1	0.030	1.046
	Constant	−2.825	0.629	18.380	1	0.000	0.059

①Variable（s）entered on step1：当日雨量，前1日雨量，前2日雨量，前3日雨量，前4日雨量.

表 5-9 为方程中变量检验情况列表，B 为自变量系数，sig 为概率 p 值，constant 为常数项。通过自变量的每一步筛选，可以揭示每个自变量对于因变量的影响程度和重要性。从结果可以看到，在第一步（step 1）全部变量进入模型，得到的回归系数是："当日雨量" > "前 1 日雨量" > "前 2 日雨量" > "前 4 日雨量" > "前 3 日雨量"。"前 4 日雨量" 和 "前 3 日雨量" 的系数值非常的小，并出现负值，说明该变量对因变量不相关。

在第二步和第三步的时候，"前 4 日雨量" 和 "前 3 日雨量" 相继被模型删除，这时候模型达到了最优的预测结果（表 5-9），说明了山地灾害前 3d 内的降雨量对山地灾害的概率模型预测作用最显著，影响最大；而 "当日雨量" 作用最大，影响最明显，其次是 "前 1 日雨量" 和 "前 2 日雨量"，即降雨离山地灾害时间越近，对山地灾害的影响越显著，这与本章前面山地灾害和降雨关系的分析结果和相关研究成果是非常一致的。

而第三步和第四步的自变量组合达到最优的预测效果，即通过"前 1 日雨量"和"前 4 日雨量"组合以及"前 1 日雨量"、"前 4 日雨量"和"前 2 日雨量"的组合则又一次验证了本章第 2 节山地灾害与降雨的统计分析得出的结论。

根据表 5-9 中各变量的系数（B），我们取第 3 步预测正确最优的组合可以得到：

$$p = 0.071 * R_0 + 0.037 * R_1 + 0.020 * R_2 - 3.038 \qquad (5-8)$$

根据 Logistic 回归模型，降雨致滑概率可以通过式（5-7）和式（5-8）改写为：

$$P(L \mid R) = \frac{1}{1 + e^{-P}} = \frac{1}{1 + e^{-(0.071 * R_0 + 0.037 * R_1 + 0.020 * R_2 - 3.038)}} \qquad (5-9)$$

式中，$P(L \mid R)$ 为降雨致滑概率，即降雨条件下发生山地灾害的条件概率。R_i 为山地灾害前 i 天的降雨量。

5.2.2.3　预警流程

根据前节对山地灾害特点之时间分布特征及降雨之间相关性分析，进行基于诱发因素作用条件下的山地灾害时间趋势预警（图 5-12）。

5.2.2.4　预警结果分级

预警结果的解读与运用关系到系统能否实现减灾实际效果。通常而言，连续性的灾害趋势预警主要应用于研究之中，实际应用时一般将其根据相关标准进行分级以便管理人员使用。

预警级别的划分方法比较多，级别数量也不尽统一，一般是按照 4 级或 5 级划分。为了与气象预报等级一致，本研究利用等距法将预警指标进行 5 级划分（表 5-10）。

表 5-10　区域山地灾害预警等级描述

预警等级	颜色	分级标准	灾害特征
4	红色	24 小时内，山地灾害发生的可能性很大	高危险度区将发生群发性的山体山地灾害，并且发生大型山地灾害的可能性很大。中危险度区有发生群发性山体山地灾害和中型、大型山地灾害的可能
3	橙色	24 小时内，山地灾害发生的可能性大	高危险度区发生中型、大型山地灾害的可能性较大。中危险度区有发生小型山地灾害的可能

续表

预警等级	颜色	分级标准	灾害特征
2	黄色	24小时内，山地灾害发生的可能性较大	高危险度区有发生山地灾害的可能。中危险度区有偶发小型山地灾害可能
1	蓝色	24小时内，有山地灾害发生的可能性	高危险度区有偶然发生山地灾害的可能
0	绿色		基本没有山地灾害的发生

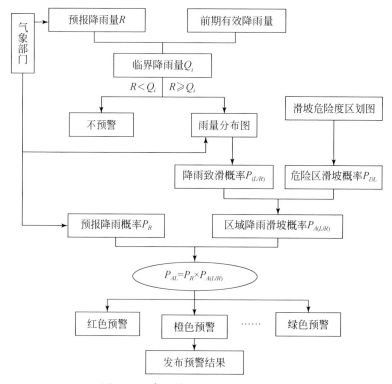

图5-12 降雨诱发山地灾害预警流程

5.2.3 预警实例

根据上述算法与流程，以武陵山区分布的国家气象台站为基础，模拟其降雨，进行预警示例。

1）雨量站分布

武陵山区共有19个国家气象站点分布（图5-13）。

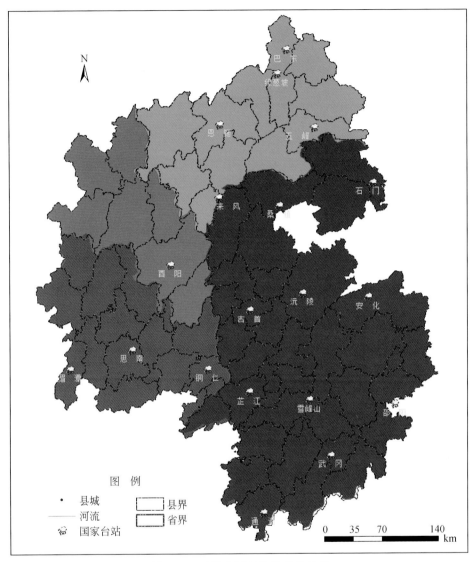

图 5-13　武陵山区气象站点分布图

2）模拟雨量值

以某天前一天、前二天的当日观测雨量和当日 24 小时预报雨量为值进行模拟（表 5-11）。

表 5-11　模拟雨量值　　　　　　　　　　单位：mm

序号	站名	前二日累计降水量	前一日累计雨量	当日 24 小时预报雨量
1	巴东	39.00	39.00	84.00
2	恩施	68.00	43.00	106.00
3	绿葱坡	16.00	47.00	90.00
4	五峰	42.00	60.00	120.00
5	来凤	24.00	24.00	112.00
6	桑植	57.00	34.00	84.00
7	石门	38.00	58.00	76.00
8	酉阳	0.00	0.00	0.00
9	吉首	0.00	0.00	5.00
10	沅陵	0.00	0.00	3.00
11	安化	0.00	0.00	0.00
12	湄潭	0.00	0.00	0.00
13	思南	0.00	0.00	16.00
14	铜仁	0.00	0.00	31.00
15	芷江	0.00	0.00	27.00
16	雪峰山	0.00	0.00	6.00
17	邵阳	0.00	0.00	0.00
18	通道	0.00	0.00	0.00
19	武冈	0.00	0.00	13.00

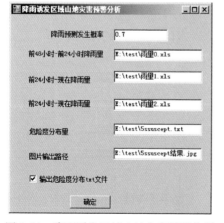

图 5-14　降雨诱发区域山地灾害预警分析

3）数据计算

根据前述灾害易发性分区图和雨量模拟值，利用预警分析程序进行计算（图 5-14）。

4）结果及分析

武陵山区的灾害易发程度难以与汶川地震灾区等山地灾害极易发地区相比，且灾害类型中崩塌相对比重较高，从而造成在降雨诱发群发性山地灾害的可能性较低（图 5-15）。由模拟结果可以看出，在自然条件下，武陵山区由降雨诱发的区域性群发性山地灾害的可能性相对并不高，该结果与研究区域灾害特点相吻合，即较大的暴雨通常只引发孤立的滑坡、泥石流灾害，很少能引发大范围的群发性山地灾害。

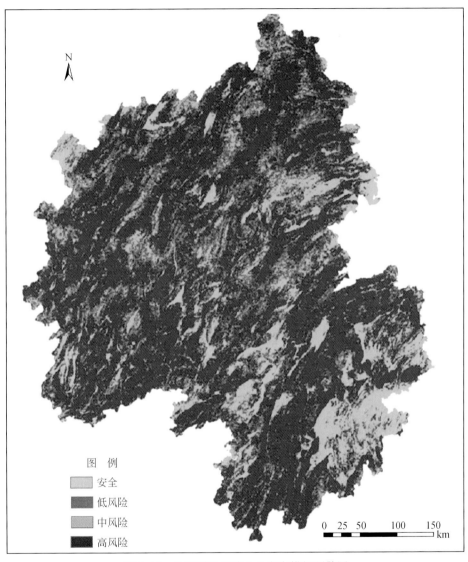

图 5-15　暴雨诱发区域山地灾害模拟预警图

第6章　基于降雨诱发的区域
山地灾害趋势预警系统设计

灾害监测和预警的目标是为贫困地区减灾扶贫服务，纯粹理论化的研究与实际需求还有一定距离，由于计算机设备的不断普及及软件信息技术的进步，目前较为实用的做法是将研究成果形成软件，以便应用和普及。尽管本著作已完成类似软件的开发，但限于著者的软件水平，仅适用于研究，距离商业化和普及应用尚远，因此，此处将软件所需的系统设计提供于此，可供实际应用中参考。

6.1　背景与相关定义

6.1.1　任务描述

（1）产品名称：降雨诱发山地灾害预警示范平台。

（2）列出此开发任务的提出者。

开发者：具备地理信息系统知识的程序开发人员；

用户：具备地质灾害基础知识的软件操作人员或山地灾害研究人员。

（3）说明本产品与其他子课题产品的关系。

基于项目软件的统一平台，用于降雨诱发山地灾害预警。

6.1.2　定义，缩略词，略语

为避免歧义，本处对系统中涉及的词汇进行解释与定义如下。

易发性（Susceptibility）是指地质灾害的易发程度，反映物理地质现象。

危险性（Hazard）是指在某一给定的时间内，某一特定的、有破坏性的地质灾害发生的概率，反映的是地质灾害的活动程度和破坏能力。

区划（Zonation）又称地质灾害分区。根据某一方面特点或多方面特点进行的地质灾害分区。它的中心任务是通过区划方式反映某一地域范围内地质灾害空间分布的相似性与差异性特点。

风险（Risk）是在一定区域和给定时段内，由于某一地质灾害而引起的人们生命财产和经济活动的期望损失值。根据 ISSMGE2004（国际土力学协会和第 32 届工程地质技术委员会（风险评估和管理）在 2004 年 7 月 1 日出版的风险评估术语表—2004/7/1 版），风险是对"生命、财产或者环境造成不利影响事件的严重性和可能性的度量。在涉及风险问题的研究中，风险的定义突出两方面的内容，一是强调风险的不确定性，二是强调风险损失的不确定性。

预警（Early-warning）即事先发出警报，在灾害或灾难以及其他需要提防的危险发生之前，根据以往总结的规律或观测得到的可能性前兆，向相关部门发出紧急信号，报告危险情况，以避免危害在不知情或准备不足的情况下发生，从而最大限度地减低危害所造成的损失的行为。

风险预警（Risk prewarning）所谓"警"指事物发展过程中出现的极不正常的情况，也就是可能导致风险的情况，亦称警情。所谓"预警"，就是对那些可能出现的极为不正常的情况或风险进行汇总、分析和测度，并以之为据对不正常情况或风险的时空范围和危害程度进行预报，以及提出防范或消解的措施。简言之，料事之先是为预，防患未然即为警。

CNKI 知识库中对风险预警有两种解释：

（1）风险预警是指风险分析的结果已达风险警戒线（临界值）而发出的风险警报。

（2）风险预警是指通过一系列技术手段对特定主体进行系统化连续监测，提早发现和判别风险来源、风险范围、风险程度和风险趋势，并发出相应的风险警示信号。

6.1.3　参考资料

1）本文件中引用的属于本开发产品的其他文件。

2）本文件中引用的其他文献、资料以及其他标准。

（1）主要参考资料

本书前述章节。

（2）其他参考资料

薛强 . 2007. 对地质灾害易发性危险性易损性和风险性的探讨 . 工程地质学报，15（s）：124~128

乔建平等 . 2010. 滑坡风险区划理论与实践 . 成都：四川大学出版社

6.2　需求概述

6.2.1　目标

1）本产品的开发意图、应用目标及所要解决的问题。

本产品用于演示课题研究技术成果，展示基于气象预报和山地灾害危险度区划的灾害预警方法及效果。

2）本产品的主要功能、处理流程、数据流程及简要说明。

功能：降雨诱发山地灾害的预警；

流程：根据降雨与山地灾害之间的相关关系，利用灾害易发性区划与降雨预报图进行叠加分析，计算灾害趋势图。

3）说明本产品与其他子课题产品的关系（用方框图说明）。

与其他子课题关系较松，由于短期内山地灾害的基本趋势不会有太大的变化，因此，预警时所用的地质灾害易发性区划图是固定的，仅需提供降雨预报分布图即可。

6.2.2　运行环境

该系统软件可以运行在 Microsoft Windows 和 Linux 操作系统的各个版本下，包括 Windows98、Windows Me、Windows NT、Windows2000、Windows XP、Windows2003、Windows Vista、Ubuntu Linux、Fedora Linux 等平台。

使用环境：需要安装运行支持软件 Microsoft SQL Server 2005、Microsoft Visual Studio 2008、ArcGIS 9.3 以上版本。

软件的开发环境：Microsoft Visual Studio 2008（使用语言为 C#）、Microsoft SQL Server 2005、ArcGIS 9.3 等。

6.2.3　关键点

虽然天气预报的时间精度很高，一般有 1 小时、3 小时、24 小时、48 小时等不同时间段的预报精度，而山地灾害的灾害记录常常缺少时间记录，即使有发生时间，最多精确到日，很难获得与降雨记录匹配的时间精度。

在空间精度上，根据所用资料的精细程度，山地灾害危险性可以达到 5m 的分辨率。由于天气预报的空间分辨率则较低，对于大区域尺度的预报尤其如此，如省级天气预报分辨率一般在 10km 以上，这种分辨率使得山地灾害预警的分辨率严重降低。山区中分水岭两侧常一边有雨一边无雨，有雨的一侧具备滑坡的基本条件，而天气预报难以对此类局部的气象差别作出预报。

6.2.4 技术路线及数据处理流程

根据前文的研究，降雨诱发山地灾害预警的流程如下（图 6-1）。

（1）通过 DEM、地质图、灾害记录等资料的分析得到研究区的易发性区划，作为预警的输入资料之一。

（2）通过降雨记录与灾害记录进行相关分析，得到灾害与降雨的相关关系，是降雨诱发山地灾害预警的核心算法来源。

（3）通过天气预报获得研究区的 24 小时预报雨量和降雨概率，并输入研究区各气象站点的前期雨量，作为输入资料之二。

（4）通过步骤 2 的算法进行栅格计算，得到研究区灾害预警分布图。

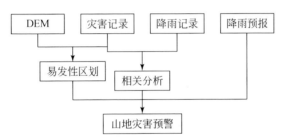

图 6-1 降雨诱发山地灾害预警技术路线与流程示意图

6.2.5 约束条件

列出进行本产品开发工作的约束条件。例如，经费限制、开发期限和所采用的方法与技术，以及政治、社会、文化、法律等。

开发人员需要熟悉 ArcGIS 的二次开发。

山地灾害预警精度是科研人员与灾害发生区域相关人员关心的核心问题，由于对灾害本身认识的有限、资料的详尽程度等的限制，预警精度与社会大众认知与期待有一定差异。目前的区域地质灾害预警主要提供灾害发展趋势预警。

6.3　功能需求

6.3.1 软件系统功能

1）对软件系统总体功能进行描述，提供功能结构图。

根据降雨与山地灾害之间的相关关系，通过 ArcGIS 引擎对山地灾害易发性区划图和输入的降雨预报图进行叠加分析，得出山地灾害预警趋势图。

2）对软件功能进行划分，对每个基本功能模块进行描述，包括结构图和处理流程图。

（1）输入模块，输入降雨预报等值线图和山地灾害易发性区划图；

（2）分析模块，根据山地灾害与降雨相关关系，进行预警分析；

（3）成果输出，将分析模块成果进行处理，生成预警成果图。

6.3.2　描述约定

通常使用的约定描述（数学符号、度量单位等）。

6.3.3　功能描述

6.3.3.1　功能——读入栅格数据（灾害易发性区划图）

1）功能——读取栅格图

读入灾害易发性区划图、降雨预报图等。

2）设计思路

导入栅格图。

3）性能指标

略。

4）输入项

山地灾害易发性区划图：数据类型。

给出对每一个输入项的特性，包括名称、标识、数据的类型和格式、数据值的有效范围、输入的方式。数量和频度、输入媒体、输入数据的来源和安全保密条件等。需提供示例数据。

5）输出项

无。

6）设计方法（算法）

略，请参考 ArcEngine。

7）流程逻辑

提供打开对话框，选择栅格文件，调用 ArcEngine 实现相应功能即可。

8）接口设计

说明该功能模块和其他功能模块间存在的接口，反映调用和被调用，数据传递。

9）存储分配

根据需要，说明本功能的存储分配（可选项）。

10）限制条件

说明本功能程序运行中所受到的限制条件。

11）验证标准

描述功能模块的可验证性。

12）界面设计

提供打开对话框，选择栅格文件，后台处理。

6.3.3.2　功能2——预警

1）功能——按预警模型进行灾害与降雨叠加计算，得出趋势预警图

2）设计思路

选择山地灾害易发性区划图和降雨预报图，检验其坐标范围是否一致，比例尺是否一致，然后按栅格进行叠加运算，生成预警趋势图。

3）性能指标

略。

4）输入项

山地灾害易发性区划图：栅格。

降雨预报图：栅格。

前1、2日实际降雨分布图：栅格。

给出对每一个输入项的特性，包括名称、标识、数据的类型和格式、数据值的有效范围、输入的方式。数量和频度、输入媒体、输入数据的来源和安全保密条件等等。需提供示例数据。

5）输出项

山地灾害趋势预警图——栅格。

6）设计方法（算法）

根据得到的未来24h内预报雨量分布图进行分析，如果预测雨量大于临界雨量，则开始预警，然后根据前期有效降雨量得到降雨致滑概率，结合降雨致灾概率图和危险度区山地灾害概率图得到区域降雨山地灾害概率；根据条件概率理论，最后耦合气象部门提供的预报降雨概率 P_R 与区域降雨山地灾害概率 $P_{A(L/R)}$，得到区域山地灾害概率 P_{AL}，建立区域降雨型山地灾害概率预警的数学模型：

$$P_{AL} = P_{A(L/R)} * P_R \tag{6-1}$$

其中，

$$P_{A(L/R)} = P_{(L/R)} * P_{DL} \tag{6-2}$$

$$P_{(L/R)} = \frac{1}{1 + e^{-P}} \tag{6-3}$$

$$p = 0.071R_0 + 0.037R_1 + 0.020R_2 - 3.038 \tag{6-4}$$

式中，P_{AL} 为区域山地灾害发生概率；$P_{A(L/R)}$ 为降雨条件下区域山地灾害发生的概率；P_{DL} 为不同危险度区山地灾害发生的概率；$P_{(L/R)}$ 为前期降雨致灾概率；P_R 为气象部门预测的降雨概率；R_0 为当日预报雨量；R_1 为前第 1 天实际降雨量；R_2 为前第 2 天实际降雨量。

7）流程逻辑

见图 6-2。

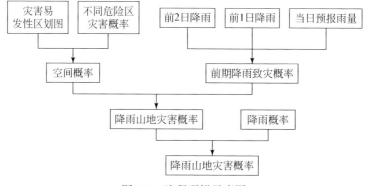

图 6-2　流程逻辑示意图

8）接口设计

输出结果可供系统平台调用。

9）存储分配

根据研究区大小分配，共两部分：一部分为每次的预警分级栅格图，一部分为预警分级 jpg 图。

10）限制条件

山地灾害易发性区划图、前期降雨、预报降雨图都存在才能进行计算。

11）验证标准

暂缺。

12）界面设计

后台计算，显示结果图即可。

6.4　性能需求

6.4.1　数据

如果本系统只作演示用，只需前 2 日降雨数据和当日预报雨量数据，如果要完成日常运行，需要每日更新当日降雨数据和当日预报雨量。

6.4.1.1　空间数据

1）所涉及的空间数据名称、内容、来源、格式、使用说明灾害易发性区划图，来源：项目提供，格式：Grid。

日降雨分布图、预报降雨分布图，来源：气象局，格式：Grid 或 Txt（需要自己插值成等值线图）。

2）数据规模、更新方式、增长量

易发性区划图约 10M；降雨图每张约 5M，共 3 张，共 25M 左右。

3）输出数据名称、内容、格式

输出山地灾害趋势预警图，Grid 格式。

4）空间数据与其他非空间数据的接口

6.4.1.2　非空间数据

·降雨观测数据，纯文本或 excel 表格，来源于气象局，表头格式为：

时间（DateTime），观测点编号（int），降雨值（单位 mm，float）

·灾害编目，纯文本或 excel 表格，来源于国土资源局，表头格式为（内容取决于各地调查的详尽程度）：

灾害类型，X 坐标，Y 坐标，行政位置，灾害发生日期，灾害规模，灾害诱因，受灾对象，防护工程情况，地形，地貌……。

1）所涉及的数据名称、内容、来源，格式，使用说明

2）输入输出需求分析

降雨为必须数据、灾害编目数据应尽量提供。

3）输出数据名称、内容、格式

灾害预警结果分析，内容包括各级预警区域大小与百分比，预警持续时间……。

6.4.2　操作

读入灾害易发性区划图和前期降雨图及预报降雨图，分析数据有效性，然后分析计算，输出趋势预警图。

6.4.3　可使用性、可维护性、可移植性、可靠性和安全性

略。

6.4.4　故障处理

故障时返回错误代码供查询错误类型。

6.4.5　算法说明

用于实施系统数据读入。
（1）每个主要算法的概况。
（2）用于每个主要算法的详细公式。

6.4.6　外部接口

1）人机界面
输入接口为降雨数据导入；
输出接口为预警分级图输出，各接口由用户需求分析决定。
2）外部硬件接口
无。
3）外部软件接口
与气象局降雨统计数据相连，与气象局协商确定。
4）通信接口
降雨数据接收，根据降雨数据来源确定。

第7章 县级应用示范

前述研究以武陵山区、恩施州为研究尺度，主要体现宏观及灾害趋势，对于广大贫困人口而言，日常接触的是具体的灾害体，则难以体现。因此，本章以湖北省恩施土家族苗族自治州咸丰县为例，针对已出现变形迹象的特定灾害进行示范应用。

7.1 研究区简介

咸丰县地处鄂西南山区，地跨东经 108°38′ ~ 109°08′，北纬 29°28′ ~ 30°54′。东西宽 69.0km，南北长 80.4km，东北临宣恩县，西北接利川市，东南接来凤县，西南与重庆市黔江区相接。

全县国土面积 2550km²，其中耕地面积 4.4 万 hm²，占 17.2%，林地面积 19.7 万 hm²，占 77.3%，平均海拔 800m 左右。辖 10 个乡镇一个工委，184 个村，总人口 36.95 万，以土家族、苗族为主的 17 个少数民族占人口总数的 85%。

2007 年国民生产总值 18.93 亿元，人均 GDP 为 5785 元。全县 2007 年末户籍人口总数为 36.95 万人，城镇居民人均可支配收入 7455 元。

咸丰县公路网较发达，全县公路总长约 695km，基本达到"村村通"。距州府所在地恩施 98km，距重庆市黔江区 53km，椒石、利咸、咸来三条省道恩黔高速公路纵贯全境。

7.1.1 气候

咸丰县地形复杂，小气候特征表现明显，垂直差异突出。海拔 950m 以下属北亚热带湿润性季风气候，海拔 950m 以上属南温带湿润性季风气候。总的表现为冬季无严寒，夏季无酷暑，四季分明，湿度较大，日照较少，雾日多，低山无霜期长。

海拔 800m 以下年平均气温 15 ~ 17℃，年降水量 1300 ~ 1500mm，无霜期 270 ~ 290 天。海拔 800m 至 1200m 平均气温 11 ~ 15℃，年降水量 1500 ~ 1700mm，无霜期 220 ~ 270 天。海拔 1200m 以上年平均气温 8 ~ 11℃，年降水量 1700 ~ 2400mm，

无霜期 160～220 天。

7.1.2　降水

　　1980 年至 2008 年，年平均降水量 1514.3mm，年最大降水量 2251.3mm（1983 年），1988 年最少，年降水量 880.9mm。5 月至 9 月降水约占全年降水量的 70%，其中 6、7 月最多，月平均值分别为 201.8mm 和 230mm，占全年降水总量的 34%；1983 年 7 月降水最多，达 447.8mm。12 月降水偏少，月均 24.1mm，约占全年降水总量的 1.85%；1998 年 11 月降水最少，仅 0.4mm。1983 年 9 月 9 日降水量最大，从 22 时 36 分降至 10 日 22 时 36 分，24 小时降水 304.8mm（图 7-1）。

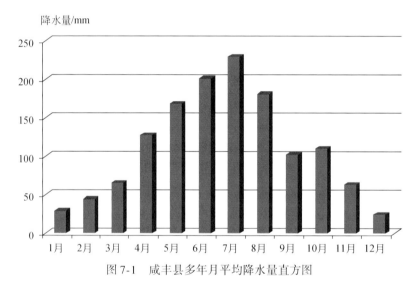

图 7-1　咸丰县多年月平均降水量直方图

　　县境降水量有从东到西，从东北到西南逐渐减少的特点。如忠堡、白果坝、石人坪为多雨区；忠堡汛期降水量特别集中，高达 1226mm。大路坝、朝阳寺区为少雨区；大路坝平均降水量 1160mm，汛期 800mm 左右。而且降水量有同一地区降水量自上而下逐渐减少的特点，如茅坝海拔 720m，年均降水 1464.8mm；钟塘海拔 620m，年均降水 1349.6mm；尖山海拔 526m，年均降水 1301.5mm。

7.1.3　水文

　　全县共有大小溪流 800 余条，流域面积在 50km² 以上的有 13 条，其中 100km² 以上的有蛇盘溪、青狮河、南河、曲江、白家河、龙潭河、龙嘴河、忠建河、龙洞河等 9 条，分属于乌江、清江、沅江三大水系，境内总长度为 374.3km，流域面积 2550km^2，河网密度 0.15km/km^2。境内河流具山区性河流特点，流量随季节变化明显。

7.1.4　地质

县境地处鄂西南山区，总的地势是南北高，中间低，由北东向南西倾斜。属云贵高原武陵山脉的构造侵蚀溶蚀中低山区。县境震旦纪时期属于古海。经太古代的强大造山运动，地层发生强烈褶皱断裂，组成最古老的变质岩基底（地表未出露）。寒武系至三叠系多次海进（沉程）海退（剥蚀），燕山运动后脱离海侵。喜马拉雅山运动使褶皱断裂加强，南部形成咸丰大背斜、咸丰大断裂。自北东向西南延伸，北部有小村至李子溪背斜，中部龙潭河流经向斜轴部，从而形成南部和北部构造山地、中部剥蚀山地的典型地貌，形成南北高，中间低，东北向西南倾斜的地貌景观。

县境内地层出露较全，除缺少下泥盆统、上下石炭统、上三叠统地层外，自上古生界寒武系—新生代第四系地层均有出露，各地层之间，除上白垩系与中侏罗统呈角度不整合接触、第四系呈角度不整合覆盖于不同时代老地层之上外，其余地层均呈连续沉积或假整合接触。

7.1.5　地震活动

本区处于新华夏系一级构造鄂西隆起带西部，区内分布三条规模较大的断裂，即咸丰断裂、恩施西缘断裂和大水坪–陶子溪断裂，断裂均呈同方向延伸。本区位于黔汇至兴山地震带，府县志记载自 1203 年（宋天圣元年）至 1856 年（清咸丰六年）八百年间曾发生过地震四次。黔汇至兴山地震带地震频度不高，但释放能量高于周围地区，强震均为逆发型，震源深度 8～16km。地震诱发岩崩，如大路坝崩塌，形成堰塞湖。

根据国家地震局 2001 年版 1∶4 000 000 比例尺《中国地震烈度区划图》，咸丰县处于Ⅵ度区，动峰值加速度为 0.05g。

7.1.6　地质灾害

根据调查，咸丰县地质灾害发育，主要灾种有滑坡、崩塌、不稳定斜坡、地面塌陷、泥石流等类型。全县有各类地质灾害点 422 处，其中滑坡 145 处（土滑 141 处，岩滑 4 处），崩塌 15 处，泥石流 1 处，地面塌陷 46 处（采空塌陷 35 处，岩溶塌陷 11 处），不稳定斜坡 215 处。

咸丰县地质灾害行政区划上分布遍及全县 11 个乡（镇），灾害点数量最多的为高乐山镇，达 79 处，以下依次是活龙坪乡、甲马池镇、朝阳寺镇、小村乡、黄金洞乡、清坪镇等 6 个乡（镇），占地质灾害点总数的 80% 以上，而丁寨乡、忠堡镇、大路坝区工委、尖山乡地质灾害点数量相对较少。区域内主要呈带状分布于唐岩河两岸，232 和 248 国道沿线以及甲马池煤矿集中开采地段。

全县地质灾害点分布密度 16.55 处/100km²，密度较大的乡（镇）依次为朝阳寺镇、高乐山镇、活龙坪乡，分别为 42.17 处/100km²、24.53 处/100km²、22.73 处/100km²，密度较小的乡有忠堡镇、尖山乡、清坪镇等。

7.2　山地灾害监测

由于咸丰县近年来未发生地震、全县暴雨等重大事件，因此在遥感图像上由山地灾害导致的突变点不多，在全区范围内进行逐一分辨检测与本项目研究目的不符。因此，本研究选择典型灾害，以地面调查结合遥感技术进行山地灾害监测示范。

7.2.1　滑坡概况

冉家村滑坡行政区域隶属咸丰县朝阳寺镇冉家村（图 7-2），距咸丰县城约 37km，该滑坡位于朝阳寺水电站库区西南侧，滑坡前缘位于库区回水水位下（图 7-3、图 7-4），地理坐标：东经 108°54′36″，北纬 29°35′53″。滑动区内有 004 乡道，滑体正对面为宣咸高速（图 7-4 下方、图 7-5），毗邻 232 省道交通便利，居住有 34 户 186 人，主要以农业、畜牧业为主，分布于滑坡后缘 004 乡道附近。

冉家村滑坡处于扬子台坪八面山台褶带恩施台褶束南部，褶皱、断裂均较发育。区内出露的第四系地层为残坡积（Q^{el+dl}）粉质黏土夹碎块石，中三叠统巴东组第三段（T_2b^3）泥灰岩，中三叠统巴东组第二段（T_2b^2）粉砂岩，嘉陵江组（T_2j）白云岩。

7.2.2　滑坡基本特征

冉家村滑坡位于朝阳寺水电站上游西南侧，前缘直抵库区河床，高程 430m，北西侧后缘受控于西北北向展布基岩山脊，位于高程 590m 以上坡体陡缓相接处，山顶高程 710m，相对高差 280m；滑坡两侧边界地表变形迹象不明显，受地形地貌控制西南侧边界与北东侧边界为东南向展布延伸的小山脊，走向 105° 左右，局部基岩出露。地表变形主要集中于 550~590m 陡坡地段，表现为斜坡陡峭，后部建房加载，导致地表局部拉裂，房屋变形。

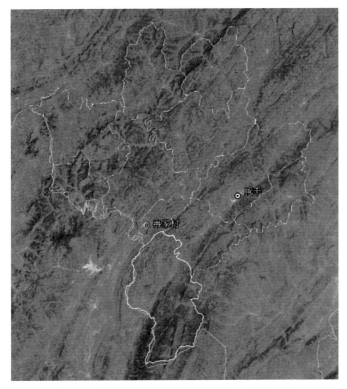

图 7-2　冉家村地理位置示意图（Google Earth）

滑坡平面形态呈舌形，坡向 95°，逆向坡结构，纵向长 530m，横向宽 200m，滑体平均厚度为 12m，面积 $10.60×10^4m^2$，体积 $127.20×10^4m^3$。滑坡整体上为凹形汇水地貌，区内冲沟不发育，纵向上剖面为折线形，纵向坡面形态总体呈下缓上陡折线状（图 7-6）。

冉家村滑坡变形特征表现为前缘局部坠滑和后缘地表张拉裂缝。现在公路中间一拉张裂缝，走向 30°，长 8m，宽 10cm，路面半边下沉约 20cm。近期坡体局部蠕动变形，造成房屋开裂、倒塌；位于滑坡后缘的 004 乡道在蠕滑作用下路面不断下沉。

近期变形破坏主要表现为斜坡内部应力重新调整产生的小型塌滑，次为滑坡蠕滑过程中的建筑物拉裂变形。建筑物的变形主要集中于滑坡后缘，由于滑坡前缘长期受到库水位的浸润侵蚀，土体最先达到饱和，形成软塑或流塑状滑动，滑坡整体应力失去平衡，牵引后缘发生变形，上部建（构）筑物随之产生沉陷破坏，形成裂缝。

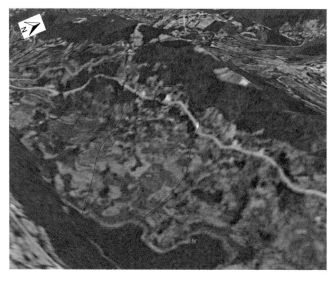

图 7-3　咸丰县冉家村滑坡 3D 图（2011-7-18）

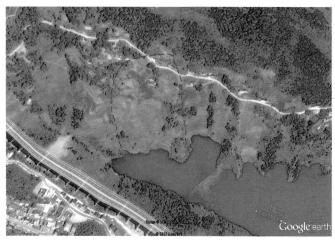

图 7-4　咸丰县冉家村滑坡（2015-6-1）

7.2.3　工程地质条件

冉家村滑坡处于扬子准地台上扬子台坪八面山台褶带恩施台褶束南部，褶皱、断裂均较发育。

区内出露的第四系地层为残坡积（Q^{el+dl}）粉质黏土夹碎块石，中三叠统巴东

图 7-5 冉家村滑坡对面宣咸高速大桥

图 7-6 冉家村土质滑坡全貌

组第三段（T_2b^3）泥灰岩，中三叠统巴东组第二段（T_2b^2）粉砂岩，嘉陵江组（T_2j）白云岩（图 7-7），地层岩性按由新到老顺序分述如下。

第四系残坡积（Q^{el+dl}）：分布于区内地表，主要由粉质黏土夹碎块石和碎块石土组成，其中粉质黏土夹碎块石分布于区内地表表层，黄褐色、红褐色，结构较松散，碎块石含量 10%～20%，向下逐渐密实，碎石粒径 2～5cm，块石粒径一般 15～40cm，碎块石成分为粉砂岩，多强风化，红褐色，锤击易碎。碎块石土层灰

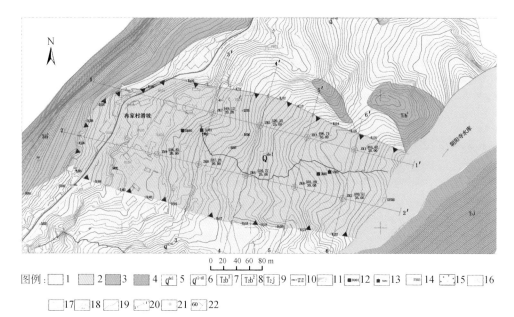

图 7-7　冉家村土质滑坡工程地质平面图（湖北省地质环境总站）

1. 残坡积粉质黏土夹碎石松散工程地质岩组；2. 滑坡堆积碎、块石土松散工程地质岩组；3. 较坚硬中厚层碎屑岩岩组；4. 较坚硬中厚层碳酸盐岩岩组；5. 第四系滑坡堆积；6. 第四系残坡积；7. 中三叠统巴东组第二段；8. 中三叠统巴东组第二段；9. 中三叠统嘉陵江组；10. 钻孔编号及孔口高程、孔深；11. 探槽及编号；12. 大重度试验及编号；13. 渗水试验及编号；14. 地表水样采集及编号；15. 滑坡范围及主滑方向；16. 局部塌滑范围及主滑方向；17. 拉张裂缝；18. 构（建）筑物变形点及编号；19. 地质界线；20. 剖面线及编号；21. 下降泉；22. 岩层产状

色、红褐色，覆盖于基岩面上，位于粉质黏土夹碎块石层下，碎块石含量一般 50% ~60%，局部碎块石含量可高达 80%，碎块石间充填黄褐色粉质黏土，碎块石粒径一般 2 ~50cm，大者 2 ~3m，岩性为紫红色粉砂岩。

中三叠统巴东组第三段（T_2b^3）：中厚层状泥灰岩，深灰色，单层厚度 10 ~400cm，岩层产状 320°∠50°，中—强风化，较坚硬，岩石多破碎，完整性差。出露于滑坡后缘山麓。

中三叠统巴东组第二段（T_2b^2）：中厚层状粉砂岩，灰绿色—红褐色，单层厚度 10 ~50cm，岩层产状 320°∠60°，中—强风化，较坚硬，岩石多破碎、完整性差。出露于滑坡后缘西北侧和西侧小山脊，其他零星出露于陡壁处。

中三叠统嘉陵江组（T_2j）：中厚层状白云岩，灰白色，单层厚度 20 ~60cm，岩质坚硬，锤击不易碎，岩石节理裂隙较发育，岩体成碎块状，表层强风化，该层分布于朝阳寺库区西岸。

7.2.4 水文地质条件

1）地表水

勘查区朝阳寺库区河床为区内最低侵蚀基准面。滑坡前缘库区河床高程为430m左右，河宽18~20m，一般库区水位保持在高程470m，水深40m；蓄水发电时水位最高至高程510m，水深80m。区内地形上总体为北西高南东低，受其南西侧及北东侧边界处山脊控制，整体上为凹形汇水地貌，其内地表冲沟不发育，后缘可见泉水出露，水量变化受季节影响明显，雨季水量较大约30L/h；旱季水量较小约10 L/h。当地居民生活用水主要通过牵管引自勘查区外，生活废水一般就地排放。

区内大气降雨为地下水主要补给源。小雨时，雨水多直接就地入渗；中雨至暴雨条件下，受地形影响，斜坡后缘550~590m间陡坡地段（38°~42°），雨水少量入渗，大部顺坡以面流形式快速排泄至坡度相对较缓的下部斜坡地带，最终排入唐岩河中。由于550m高程以下坡度相对缓，加之人类耕作活动强烈，表层土体结构松散，降雨入渗量相对较大。

2）地下水

根据地下水含水介质特征，水动力条件及补、迳、排特征，可将勘查区的地下水分为松散堆积层孔隙水、碎屑岩裂隙水和碳酸盐岩类岩溶水三类。

松散堆积层孔隙水：含水介质主要为第四系残坡积物，地下水主要赋存于第四系堆积物孔隙中，区内大部地区地表为残坡积堆积物，富水性差，渗透性差。地下水主要靠大气降水补给，顺坡向排泄。主要分布于滑坡前缘缓坡地带，地下水埋深一般4.0~28.0m，接受大气降水的补给，并向西南侧向运移，大部分以潜流形式向唐岩河排泄，且与唐岩河河水有水动力联系，少部分入渗补给基岩裂隙水。

碎屑岩裂隙水：含水介质为中三叠统巴东组第二段（T_2b^2）中、厚层粉砂岩夹粉砂质泥岩，地下水主要赋存于裂隙中，富水性弱，其相对隔水层为粉砂质。地下水主要靠大气降水补给，顺坡向向唐岩河运移排泄。

碳酸盐岩类岩溶水：赋存于中三叠统巴东组第三段（T_2b^3）、嘉陵江组（T_2j）泥灰岩、白云岩溶洞、溶孔、溶隙之中，接受大气降水、岩溶管道水的补给，水量较大，以暗河的形式排出汇入地表沟溪，流入唐岩河。

7.2.5 成因分析

根据冉家村滑坡的空间特性与近期变形特点分析，影响滑坡稳定性的主要因素可分为自然因素和人为因素两类。

1）地形特征

冉家村滑坡为凹形汇水地貌，易汇集附近雨水，坡上冲沟不发育，加大了雨水的入渗量，不利坡体稳定。

2）地层岩性

残坡积碎块石土结构松散，透水性好，不利坡体稳定。

3）人类工程活动

影响滑坡稳定性人类工程活动主要表现为水库蓄水泄洪、修路切坡以及开垦种植等。朝阳寺水库库水位升降急剧改变坡体内部的地下水状态，当水位骤降的时候，坡体内部孔隙水压力来不及消散，容易诱发坡体失稳。水位变动还会引起坡脚岩土体的交替性干湿变化，对滑坡的整体稳定性产生不利影响。修建公路、房屋等建筑物加载增加了下滑力，不利于坡体稳定；砍伐和开垦种植导致坡体裸露，加大了水的入渗速度和入渗量。

7.2.6　滑坡活动性

近年来，坡体时常发生小型蠕滑，水电和公路修建等工程活动加剧滑坡发展，滑坡变形集中于堆积体后缘 004 乡道以及居民区一带。基于实地调查资料和遥感监测显示：该滑坡目前虽然处于缓慢变形阶段，但存在诸多安全隐患，如遭遇地震、大暴雨等特殊条件可能产生大规模急剧变形。

7.2.7　对贫困户影响

冉家村滑坡的危害包括直接威胁和间接危害。

直接威胁：滑坡体上共有 38 户 168 人及 66 间民房，滑坡后缘为 004 乡道，其中 200m 在滑坡体内，各种财产共计约 80 万元等，合计经济价值约 1.5 万元。

间接危害：是指其滑移破坏的社会影响，如阻断交通，滑体入库抬升水位淹没田地等，估算潜在经济损失达 1600 万元。

7.3　山地灾害预警

根据对贫困户的访谈，贫困人口更为关注的是影响到一家人安危的滑坡安全性问题，大范围的山地灾害预警，对各家庭的实际作用较小。考虑此点，本处仍以冉家村滑坡为例，结合地面调查数据，以稳定性分析为基础进行典型灾害的预警。

7.3.1 滑坡稳定性分析

冉家村滑坡属牵引式土质滑坡，滑坡区特有的环境地质条件是滑坡发生的基础条件，降水入渗及库水位的陡降陡落是该滑坡的主要诱发因素，人类工程活动加剧了滑坡体的变形破坏。该滑坡目前虽然处于缓慢变形阶段，但存在诸多安全隐患，在不利因素影响下可能产生大规模急剧变形破坏的可能。

1) 稳定性分析模型

以冉家村滑坡的 1—1′，2—2′两条纵剖面为实体，根据勘查所获取的地形、地质结构、岩土物理力学性质等信息，以两剖面单宽实体为研究对象，将不稳定斜坡各剖面概化为一个二维空间平面问题而建立分析模型。各剖面的模型及分析计算条分简图详见图 7-8、图 7-9、图 7-10、图 7-11。

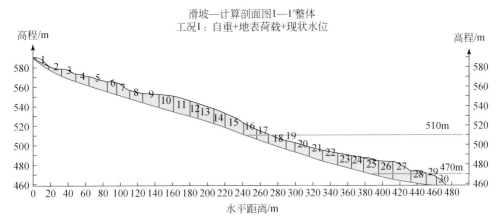

图 7-8 1–1′剖面整体计算条分简图（湖北省地质环境总站）

2) 考虑工况

稳定性分析时考虑的工况包括：

工况 1：自重+地表荷载+470m 水位。

工况 2：自重+地表荷载+510m 水位。

工况 3：自重+地表荷载+510m 回落至 470m 状态。

工况 4：自重+地表荷载+20 年一遇暴雨。

3) 分析方法

依据《滑坡防治工程勘查规范》（DZ/T0218—2006），冉家村滑坡勘查采用传递系数法对不稳定斜坡稳定性进行稳定性评价和推力计算，同时采用 Janbu 法、bishop 法等进行校核，滑坡稳定性评价系统为 LASA 软件。

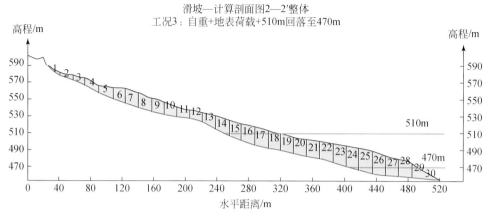

图 7-9　　2-2′剖面上部计算条分简图（湖北省地质环境总站）

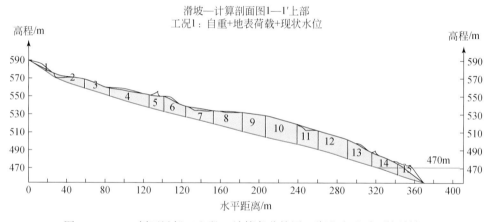

图 7-10　　1-1 剖面局部（上段）计算条分简图（湖北省地质环境总站）

4）参数选取

针对该滑坡目前的变形现象以及其所处状态分析，对该滑坡进行反演分析是具备条件，同时也是符合实际的。因此，该滑坡的岩土力学参数的选取采取室内试验结果分析修正、临近滑坡类比、滑坡状态反演相结合的方式综合确定。根据滑坡所处的状态，对具备反演条件的剖面采用传递系数法进行反分析，具体结果见表 7-1。

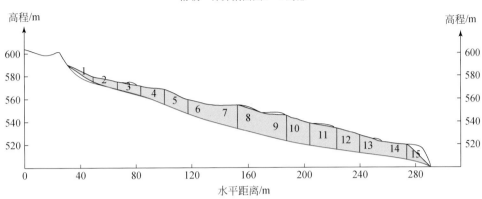

图 7-11 2–2'剖面局部（上段）计算条分简图（湖北省地质环境总站）

表 7-1 冉家村滑坡土力学参数反演结果表（湖北省地质环境总站）

剖面号	C	ϕ		Φ	C	
		$Fs=1$	$Fs=1.05$		$Fs=1$	$Fs=1.05$
2–2'	24	18.16	22.66	12	32.5	35.7
	25	17.69	22.20	13	30.5	33.8
	26	16.22	21.73	14	28.6	31.8
	27	15.74	21.27	15	26.6	29.8
	28	14.26	15.80	16	24.6	27.9

结合反演分析参数，结合滑坡目前变形具体情况，参数取值在实验室提供数据基础上，结合环境地质条件类似地区岩土物理力学性质，经综合分析，最终冉家村滑坡的岩土力学参数取值见表 7-2。

表 7-2 滑坡稳定性分析参数取值表（湖北省地质环境总站）

参数类型及取值	内摩擦角		内聚力		容重	
	天然	饱和	天然	饱和	天然	饱和
	ϕ_d	ϕ_s	C_d	C_s	γ	γ_s
	(°)	(°)	kPa	kPa	KN/m³	KN/m³
滑坡体参数	15	14.5	28	26.8	18.8	20.3
软弱带参数	12.6	12.2	26.2	22.7	19.8	21.6

5）分析结果

稳定性分析结果（表7-3、表7-4）如下。

表7-3 冉家村滑坡堆积体不平衡推力法计算结果表

（湖北省地质环境总站）

剖面 工况	I—I′		II—II′	
	整体	局部	整体	局部
天然+470m	1.080	1.023	1.088	1.045
天然+510m	1.044	0.957	1.077	0.969
510m回落至470m	0.973	0.837	0.986	0.843
滑体全部饱水	0.969	/	0.971	/

表7-4 冉家村滑坡堆积体一般条分法计算结果表

（湖北省地质环境总站）

剖面 工况	I—I′		II—II′	
	整体	局部	整体	局部
天然+470m	1.103	1.095	1.102	1.101
天然+510m	1.082	0.943	1.064	0.959
510m回落至470m	0.973	0.857	0.981	0.862
滑体全部饱水	0.849	/	0.861	/

7.3.2 结果解析

由分析及计算结果可得出以下结论：

（1）在天然状态下（水位470m），冉家村滑坡整体处于稳定状态，稳定系数为1.08～1.103；滑坡上部（高程）处于稳定状态，稳定系数1.023～1.101，存在局部小范围变形的可能。

（2）在天然状态下，考虑510m回水影响，冉家村整体仍处于稳定系数状态，稳定系数为1.044～1.082；滑坡上部（510m上）处于欠稳定状态，稳定系数0.943～0.969，稳定性差，存在局部范围变形的可能。

（3）当朝阳水库库水位由510m迅速回落至470m状态下，稳定系数为0.973～0.986，稳定性差，滑坡整体失稳可能性较大。

（4）暴雨工况下，冉家村滑坡稳定系数小于1，滑坡变形滑移的可能性较大。

滑坡整体处于缓慢变形阶段，目前未发现大的地表变形破坏迹象，地表变形主要集中于550～590m陡坡地段，表现为斜坡陡峭，后部建房加载，导致地表局部拉裂，房屋变形。稳定性计算结果表明，自重+地表荷载+470m 水位工况下，坡体整体稳定系数为 1.08 ~ 1.103，滑坡上部（高程470m 上）处于稳定状态，稳定系数为 1.023 ~ 1.101，存在局部小范围变形的可能；自重+地表荷载+510m 水位工况下，坡体稳定系数为 1.044 ~ 1.082；滑坡上部（510m 上）处于欠稳定状态，稳定系数为 0.943 ~ 0.969，稳定性差，存在局部范围变形的可能；自重+地表荷载+510m 回落至 470m 工况下，坡体稳定系数为 0.973 ~ 0.986，稳定性差，滑坡整体失稳可能性较大；自重+地表荷载+20 年一遇暴雨工况下，坡体稳定系数小于 1，滑坡变形滑移的可能性较大。

7.3.3 减灾建议

（1）地表减负排水：滑坡失稳主要受坡体负荷的影响，坡体后缘的公路及建筑加大了滑坡的下滑力；坡体内的泥岩对水的敏感性较高，降雨入渗或库水位浸润时造成摩擦系数降低，形成软弱面，从而造成进一步失稳。因此，应排除增加坡体自重及任何新增负荷的工程，并在滑坡体内及周边设置截排水沟，以疏、排大气降水和地表水对滑坡的影响。

（2）挡土墙和抗滑桩：滑坡前缘与中部可采用抗滑桩或挡土墙进行支挡。

（3）浆砌块石护岸：滑坡体前缘为朝阳寺水电站库区，时常发生崩岸，诱发滑坡体发生变形，建议采用浆砌块石进行护岸。

（4）加强监测：对于已经发生明显变形的滑坡体，在治理工程和搬迁避让实施以前，应组织群测群防或专业监测设备，加强对滑坡体的监测，一旦观测到变形加速迹象，应立即采取应急措施，组织坡上居民撤离，直至危险解除。

第8章　面向扶贫的山地灾害减灾建议

近年来随着经济快速发展，在山区修建公路、铁路、水库等工程，以及矿山开采、房屋建筑等人类活动明显加强，导致山区坡地失稳事件的增多；地震活动渐趋活跃，全球变暖带来的极端降水事件不断增多。在此形势下，山地灾害的发作频率和危害程度不断增高增强。山区脆弱的环境与基础设施等条件的不足，使得山区也常常意味着贫困。

目前关于山区扶贫及减灾扶贫已经有了很多研究，相关的建议和措施也不缺乏，基于本研究中的认识，给出几点建议，供有关部门在武陵山区扶贫时参考。

1）灾害管理与长期扶贫战略相结合，加强灾前风险管理

灾害管理与长期扶贫战略整合是指在长期扶贫战略制定中，充分体现灾害管理的要求，把贫困地区的防灾减灾、灾后恢复重建与扶贫开发有机结合起来，不断提高扶贫开发效果。国内外的理论和实践表明，扶贫开发效果的持续提高，需要以把灾害管理与长期扶贫战略有机整合为基础（黄承伟，2014）。

灾害风险管理是在灾害风险分析、评价或区划，以及综合评估的基础上，根据灾害风险的特点，通过政策、法律和法规的形式，应用到减轻和防御山地灾害的全过程管理（乔建平等，2010）。其目的是通过采取政策、法规，以及工程等措施进行有效的风险处理，以最大限度降低滑坡灾害损失。

在贫困山区，由于生态脆弱，生态稳定性较差，对环境变化反应尤其敏感，系统整体抗干扰能力弱，单纯的救灾很难解决贫困问题。在灾害管理工作中，最常见到的是在灾后强调应急救灾和重建，而常忽略了灾前的准备和管理措施。灾前的准备与管理可以有效避免灾后的巨额损失，收到事半功倍的效果，联合国国际减灾战略主任萨尔瓦诺·布里塞尼奥曾说：如果对灾害预防投入一笔资金，那么日后得到的回报将是数倍甚至数十倍（金磊，2002）。

2）建立以提高贫困人口灾害应对能力为核心的科技支持体系

一是加强防灾减灾教育，提高群众减灾意识和社会参与程度；二是协调相关部门开展防灾、减灾、抗灾方面的技术指导工作；三是加强生产发展中防灾减灾的技术支持。此外，加强对贫困人口在技术运用中的思想动员、技术培训、资金保障等技术支持配套服务，如及时提供改种补种的种子、化肥等物资及资金的供

应保障等，最大限度减轻灾害影响和损失。

3）加强地质灾害风险管理，强化土地规划，降低灾害风险

突发性山地灾害发生的地点、时间、规模和方式具有很大的不确定性，使得我们对山地灾害的认知能力不足。国际减灾战略已从工程性"硬"措施转向土地规划限制等非工程措施，其中通过土地规划来限制灾害地区的土地开发行为是最重要的手段。国际经验表明，滑坡风险控制的最有效手段是土地利用规划限制，即通过土地利用规划手段来限制土地开发行为（张丽君，2009）。即通过编制山地灾害危险性或敏感性图和风险区划图，将信息传递给有关政府部门、社区、保险商等，以供决策。将山地灾害区划成果纳入土地利用规划和土地审批流程，从而减轻山地灾害。降低灾害风险措施还包括采取土地开发审批限制策略，如限制房屋密度、保护区内只允许低人口密度相关的土地开发活动、低价值的商业活动等。

国土资源部开展的建设用地地质灾害危险性评估是局部的场地尺度的评价，而山地灾害的发生往往具有区域性、群发性和不确定性，因此考虑区域山地灾害风险的土地区划对于防范山地灾害发生、限制不合理的土地开发具有重要意义，目前贫困地区迫切需要早期介入，在土地利用规划阶段即考虑山地灾害问题，从源头上降低灾害风险，减少贫困诱因。

参 考 文 献

"中国山地科学发展战略研讨会"与会代表.2008."加强山地科学研究,支撑国家可持续发展"倡议书.山地学报,01:1

包雄斌,苏爱军,练操,等.2008.羊角滑坡群的形成机制及其演化发展分析.工程地质学报,16(suppl):574~578

陈剑,杨志法,李晓.2005.三峡库区滑坡发和概率与降水条件的关系.岩石力学与工程学报,24(19):3052~3056

陈勇,燕谭,茆长宝.2013.山地自然灾害、风险管理与避灾扶贫移民搬迁.灾害学,28(2):136~142

丁忠孝,刘锁旺,张俊山.1981.1856年湖北咸丰县大路坝地震考察.地壳形变与地震,02:69~81

恩施晚报.国家贫困线标准提高后恩施州贫困人口153.7万人〔EB/OL〕.2012-10-17.http://news.cnhubei.com/xw/hb/es/201210/t2277274.shtml

符廷銮.2012.武陵山少数民族地区贫困现状与反贫困对策研究——以恩施土家族苗族自治州为例.时代经贸,24(1):63~65

冈纳·缪尔达尔.1991.世界贫困的挑战——世界反贫困大纲.北京:北京经济学院出版社

高杨,殷跃平,邢爱国,等.2013.鸡尾山高速远程滑坡——碎屑流动力学特征分析.中国地质灾害与防治学报,24(4):46~51

国家防汛抗旱总指挥办公室,中国科学院、水利部成都山地灾害与环境研究所.1994.山洪泥石流滑坡灾害及防治.北京:科学出版社

国家统计局农村社会经济调查总队.2004.2003年全国扶贫开发重点县农村绝对贫困人口1763万.调研世界,6:11

何红梅,王晓波,刘志隆.2011.自然灾害对农村贫困影响的经济分析.甘肃农业,04:21~22

湖北省民族宗教事务委员会,中南民族大学,湖南省民族事务委员会,等.2009.武陵山少数民族地区现状调研报告

黄承伟.2014.灾害管理与长期扶贫战略整合的对策与路径——基于汶川地震灾后贫困村重建的分析.开发研究,01:8~12

黄崇福,刘安林,王野.2010.灾害风险基本定义的探讨.自然灾害学报,19(6):8~16

金磊.2002.中国城市安全警告.北京:中国城市出版社

李鹤,张平宇,程叶青.2008.脆弱性的概念及其评价方法.地理科学进展,02:18~25

李守定,李晓,吴疆,等.2007.大型基岩顺层滑坡滑带形成演化过程与模式.岩石力学与工程学报,26(12):2473~2480

李向东,陈玉萍.2008.滑坡灾害危险性研究现状与展望.国土资源情报,7:43~47

李小云,叶敬忠,张雪梅,等.2004.中国农村贫困状况报告.中国农业大学学报(社会科学版),1:1~8

李小云，张悦，李鹤．2011．地震灾害对农村贫困的影响——基于生计资产体系的评价．贵州社会科学，03：81~85

李愿军 李坪，杨美娥．2005．长江三峡库区水库诱发地震的研究．中国工程科学，06：14~20

林鸿州，于玉贞，李广信，等．2009．土水特征曲线在滑坡预测中的应用性探讨．岩石力学与工程学报，12：2569~2576

刘昌刚．2009．在全州扶贫开发工作会议上的讲话．http://fpb. xxz. gov. cn/1949. html

刘传正．2010．重庆武隆鸡尾山危岩体形成与崩塌成因分析．工程地质学报，18（3）：297~304

刘传正．2013．重庆武隆羊角镇工程地质环境初步研究．水文地质工程地质，40（2）：1~8

刘永建．2007．湖南境内沅水流域地质灾害研究．湖南师范大学硕士学位论文

罗元华，张梁，张业成．1998．地质灾害风险评估方法．北京：地质出版社

马寅生，张业成，张春山，等．2004．地质灾害风险评价的理论与方法．地质力学学报，10（1）：7~18

马占山，张强，朱蓉，等．2005．三峡库区山地灾害基本特征及滑坡与降水关系．山地学报，03：319~326

民政部．2010．民政事业统计季报（2010年4季度）

乔建平，田宏岭，王萌，等．2010．滑坡风险区划理论与实践．成都：四川大学出版社

邱海军．2012．区域滑坡崩塌地质灾害特征分析及其易发性和危险性评价研究——以宁强县为例．西北大学博士学位论文

曲玮，涂勤，牛叔文．2010．贫困与地理环境关系的相关研究述评．甘肃社会科学，01：103~106

石莉莉，乔建平．2009．基于GIS和贡献权重迭加方法的区域滑坡灾害易损性评价．灾害学，24（3）：46~50

石莉莉．2010．区域性滑坡灾害易损性区划研究——以万州区为研究示范区．中国科学院研究生院博士学位论文

宋金，蒋海昆，贾若，曲均浩，陈亚男．2014．不同时期水库地震活动主要影响因素讨论——以三峡库区微震活动为例．地震，01：13~23

田丰韶．2012．贫困村灾害风险应对研究．武汉大学博士学位论文

田宏岭，乔建平，王萌，等．2009．基于危险度区划的县级区域降雨引发滑坡的风险预警方法——以四川省米易县降雨滑坡为例．地质通报，28（08）：1093~1097

田宏岭，张建强．2016．山地灾害致贫风险初步分析——以湖北省恩施州为例．地球信息科学学报，18（3）：1~8

田宏岭．2007．降雨滑坡预警平台系统研究．中国科学院研究生院博士学位论文

王成华，吴积善．2006．山地灾害研究的发展态势与任务．山地学报，05：518~524

王国敏．2005．农业自然灾害与农村贫困问题研究．经济学家，03：55~61

王丽华．2011．贫困人口分布、构成变化视阈下农村扶贫政策探析——以湘西八个贫困县及其下辖乡、村为例．公共管理学报，8（2）：72~78

王素霞，王小林．2013．中国多维贫困测量．中国农业大学学报（社会科学版），30（2）：

129 ~ 136

王艳慧，钱乐毅，段福洲 . 2013. 县级多维贫困度量及其空间分布格局研究——以连片特困区扶贫重点县为例 . 地理科学，33（12）：1489 ~ 1497

王兆峰 . 2001. 武陵山区的优势、劣势及可持续发展模式研究 . 吉首大学学报（社会科学版），03：52 ~ 54

武隆县人民政府 . 2013. 关于羊角场镇危岩滑坡危险区有关事宜的公告［EB/OL］. http：//wl. cq. gov. cn/Html/48/zwgk/zfgg/2013-1/27953. html

肖诗荣，胡志宇，卢树盛 . 2013. 三峡库区水库复活型滑坡分类 . 长江科学院院报，30（11）：39 ~ 44

肖威，陈剑杰，吴益平 . 2012. 鄂西恩施地区降雨与滑坡关系浅析 . 工程地质学报，20（sup）：556 ~ 561

谢永刚，袁丽丽，孙亚男 . 2007. 自然灾害对农户经济的影响及农户承灾力分析 . 自然灾害学报，16（6）：171 ~ 179

新华网湖北频道 . 2013. 恩施自治州建州三十周年的回顾与展望［EB/OL］. 2013 年 08 月 19 日. http：//news. xinhuanet. com/local/201308/19/c_ 117002765_ 2. htm

徐勇，刘艳华 . 2015. 中国农村多维贫困地理识别及类型划分 . 地理学报，20（06）：993 ~ 1007

许飞琼 . 1998. 灾害损失评估及其系统结构 . 灾害学，13（3）：80 ~ 83

许强，黄润秋，李秀珍 . 2004. 滑坡时间预测预报研究进展 . 地球科学进展，19（3）：478 ~ 483

杨浩，庄天慧，汪三贵 . 2015. 少数民族贫困测量：理论和实践 . 西南民族大学学报（人文社会科学版），36（9）：33 ~ 40

杨胜刚，潘佑堂 . 1994. 武陵山区水土流失亟待治理 . 中国水土保持，11：16 ~ 18

杨永波，刘明贵 . 2005. 滑坡预测预报的研究现状与发展 . 土工基础，19（2）：61 ~ 65

杨宗佶 . 2009. 滑坡危险度评价与预警方法研究——以三峡库区重庆市万州区为例 . 中国科学院研究生院博士学位论文

殷洁，裴志远，陈曦炜，等 . 2013. 基于 GIS 的武陵山区洪水灾害风险评估 . 农业工程学报，29（24）：110 ~ 117

殷坤龙，陈丽霞，张桂荣 . 2007. 区域滑坡灾害预测预警与风险评价 . 地学前缘，14（6）：85 ~ 97

张大维 . 2011. 集中连片少数民族困难社区的灾害与贫困关联研究——基于渝鄂湘黔交界处 149 个村的调查 . 内蒙古社会科学（汉文版），32（05）：127 ~ 132

张建强，苏凤环，范建容 . 2013. “4. 20”芦山地震崩塌滑坡与公路危险性评价——以宝兴县省道 S210 沿线为例 . 山地学报，31（5）：616 ~ 623

张丽君 . 2009. 从土地利用规划入手提高地质灾害的防治水平——兼议地质灾害风险区划的急迫性与重要性 . 地质通报，28（2）：343 ~ 347

张梁，张建军 . 2000. 地质灾害风险区划理论与方法 . 地质灾害与环境保护，11（4）：323 ~ 328

张樑，梁凯 . 2005. 泥石流防治工程经济效益评价研究 . 中国地质灾害与防治学报，16（3）：

48～53

张楠，许模．2011．水库库岸滑坡成因机制研究．甘肃水利水电技术，47（1）：19～22

张晓．1999．水旱灾害与中国农村贫困．中国农村经济，11：12～18

张永双，吴树仁，赵越．2003．湖北省巴东县桐木园山坡型泥石流的形成机理及预警指标——以
2003-3-31 强降雨过程为例．地质通报，22（10）：833～838

郑明新．2005．滑坡防治工程效果的后评价研究．河海大学博士学位论文

中国发展门户．2008-11-06．地震加深灾区贫困程度，中国和东盟合力应对"灾害贫困"［CE/
OL］．http：//cn. chinagate. cn/povertyrelief/2008-11/06/content_ 16721454. htm

CEOS. 2002. DMSP Report：Earth Observation for Landslide Hazard Support

David Alexander. 2005. Vulnerability to Landslides//Thomas Glade, Malcolm Anderson, Michael
J. Crozier. Landslide Hazard and Risk. John Wiley & Sons, Ltd；Chichester, West Sussex, England

David Heckerman. 1985. Probabilistic Interpretations for MYCIN's Certainty Factors. Proceedings of the
First Conference on Uncertainty in Artificial Intelligence

David J. Varnes. 1984. Landslide Hazard Zonation：a review of principles and practice. Unesco；Paris

DFID. 1999～2005. Sustainable Livelihoods Guidance Sheets. http：//www. eldis. org/go/home&id =
41731&type=Document#. U9DchbeKDIU

Eric Leroi. 1996. Landslide hazard-Risk maps at different scales：Objectives, tools and developments.
Landslides, （1）：35～51

Günther Meinrath. 2008. Lectures for chemists on statistics. I. Belief, probability, frequency, and
statistics：decision making in a floating world. Accreditation and Quality Assurance, 13（1）：3～9

Lan Hengxing, Zhou ChengHu, Lee C F et al. 2003. Rainfall-induced landslide stability analysis in
response to transient pore pressure-A case study of natural terrain landslide in Hong Kong. Science in
China Series E-Engineering & Materials Science, 46：52～68

Robin Fell, Corominas Jordi, Bonnard Christophe et al. 2008. Guidelines for landslide susceptibility,
hazard and risk zoning for land-use planning. Engineering Geology, 102（3-4）：99～111

Robin Fell, CorominasJordi, Bonnard Christophe et al. . 2008. Guidelines for landslide susceptibility,
hazard and risk zoning for land use planning. Engineering Geology, 102（3-4）：85～98

Saro Lee, Talib J A. 2005. Probabilistic landslide susceptibility and factor effect analysis. Environmental
Geology, 47（7）：982～990

Tian H L, Qiao J P, Wu C Y et al. 2007. Muchuan rainfall-induced landslide alarm system［M］//
B. VandeWalle, X. Li, S. Zhang, ISCRAM CHINA 2007：Proceedings of the Second International
Workshop on Information Systems for Crisis Response and Management. Harbin Engineering Univ；
Harbin：30～35

Tian Hong ling, Qiao Jian ping, Wang Meng et al. . 2009. A method of early warning on rainfall-induced
landslide risk probability based on hazard zoning：a case study on the rainfall-induced landslide of
Miyi County, Sichuan, China. Geological Bulletin of China, 28（8）：1093～1097

Tian Hongling, Qiao Jianping, UCHIMURA Taro et al. 2012. Monitoring on Earthquake Induced Landslides- A case study in northwest Chengdu, China. Geotechnical Engineering Journal of the SEAGS & AGSSEA, 43 (2): 71~74

Tian Hongling, Qiao Jianping. 2009. GIS based early warning system of rainfall- induced landslide disaster risk, Asia- Pacific symposium on new technologies for prediction and mitigation of sediment disasters: Tokyo, Japan: 102~103

Tian Hongling, Wang Meng, Yang Zongji et al. 2013. Multiple Predict Landslides in Giant Earthquake Struck Region: A Case Study in Chengdu, China: 989~996

World Bank. 2003. Millennium Development Goals: A Compact Among Nations to End Human Poverty

Yin Kunlong, Chen Lixia, Zhang Guirong. 2007. Regional Landslide Hazard Warning and Risk Assessment. Earth Science Frontiers, 14 (6): 85~93